高等学校实验实训规划教材

基础地质国家级实验教学示范中心建设项目
基础地质学国家级精品资源共享课程建设项目

基础地质学实习教程

钱建平　余　勇　胡云沪　编著

北　京
冶　金　工　业　出　版　社
2021

内 容 简 介

本实习教程分为野外地质工作基础知识准备、实习区地质概况、野外实习教学内容与要求、附录四大部分。其中以地质路线和地质现象为核心，并配有相应的地质现象照片和素描图。

本实习教程适合地质类本科生、专科生和研究生的实践教学，同时也可作为桂林地质旅游、观光和考察的参考书。

图书在版编目(CIP)数据

基础地质学实习教程/钱建平，余勇，胡云沪编著.—北京：冶金工业出版社，2009.3（2021.8 重印）

高等学校实验实训规划教材

ISBN 978-7-5024-4582-9

Ⅰ.基… Ⅱ.①钱… ②余… ③胡… Ⅲ.地质学—高等学校—教材 Ⅳ.P5

中国版本图书馆 CIP 数据核字（2008）第 065749 号

出 版 人 苏长永

地　　址 北京市东城区嵩祝院北巷 39 号 邮编 100009 电话 (010)64027926

网　　址 www.cnmip.com.cn 电子信箱 yjcbs@cnmip.com.cn

责任编辑 曾 媛 美术编辑 彭子赫 版式设计 孙跃红

责任校对 禹 蕊 责任印制 李玉山

ISBN 978-7-5024-4582-9

冶金工业出版社出版发行；各地新华书店经销；北京建宏印刷有限公司印刷

2009 年 3 月第 1 版，2021 年 8 月第 6 次印刷

787mm×1092mm 1/16；8.25 印张；198 千字；123 页

26.00 元

冶金工业出版社 投稿电话 (010)64027932 投稿信箱 tougao@cnmip.com.cn

冶金工业出版社营销中心 电话 (010)64044283 传真 (010)64027893

冶金工业出版社天猫旗舰店 yjgycbs.tmall.com

（本书如有印装质量问题，本社营销中心负责退换）

前　言

桂林基础地质实习基地拥有一系列得天独厚的地质条件：名甲天下、风光瑰丽的漓江沿岸的喀斯特地貌；中国唯一的岩溶地质博物馆；以砂岩丹霞地貌为特征，总面积达 125km^2 的资源国家地质公园；以花岗岩地貌为特征，号称华南第一峰的猫儿山国家级自然保护区；以变质岩地貌为特征的龙胜龙脊风光。

特别是由桂林理工大学韦炜烈副教授首先发现的位于桂林西北郊的南边村剖面，1988 年 5 月被国际地质科学联合会、国际地层委员会泥盆-石炭系界线工作组确定为国际泥盆-石炭系界线辅助（副）层型剖面（全世界仅有三处）。该剖面的建立，为世界研究泥盆-石炭系界线提供了地点和丰富资料，近年已接待了近 30 个国家及地区上百位专家考察和研究。

区内先后开展过 1∶20 万和 1∶5 万地质填图，具有一定的地质工作基础。区内不同时代地层出露较全，自前寒武纪以来的地层均有分布，但以上古生界特别是泥盆系分布面积最广，下石炭统次之，其中泥盆-石炭纪地层古生物化石甚多。区内三大类岩石出露齐全，褶皱、断裂发育，滑坡、崩塌现象广泛，各类地质作用与地质现象非常丰富，其中尤以河流地质作用和地下水地质作用更为典型。此外尚有铁、铜、铅、锌、钨和金等金属矿产产出，石灰岩、白云岩、大理岩、重晶石、硅灰石、石英砂岩、磷、煤、滑石等非金属矿产亦非常丰富。

桂林基础地质实习基地建于 20 世纪 50 年代，迄今已有近六十年历史。经过桂林理工大学老一辈地质工作者辛勤耕耘，先后开辟了反虹管实习路线（河流地质作用）、白竹境实习路线（人工湖及区域性断裂现象）、大圩实习路线（泥盆-石炭纪地层剖面及古生物和牛轭湖）、杨堤实习路线（深水相泥盆纪地层剖面）、永福实习路线（奥陶系与白垩系角度不整合）、唐家湾实习路线（浅水相泥盆纪地层剖面及地下河地质作用）、牛塘界实习路线（花岗岩及钨矿）、公平实习路线（溶蚀天生桥及宁乡式铁矿）、螺蛳山实习路线（褶皱及断裂)、尧山实习路线（滑坡作用）和漓江实习路线（峰林地貌及多层溶洞)，近年根据新专业建设和实习教学内容的改革，又新增了古东实习路线（多级瀑布及石灰华堆积)、雷劈山实习路线（石灰岩山体崩塌作用）和猫儿山实习路线（花岗岩山体及土壤自然剖面分带）等。实习区自然地理条件较好，交通便利，是基础地质实习理想的基地。

本教程分为野外地质工作基础知识准备、实习区地质概况、野外实习教学内容与要求以及附录共四篇。内容的选择主要着眼于学生使用方便、实际工作能力培养和新技术的使用。野外地质工作基础知识准备一篇包括地质罗盘的结构及使用、GPS 的原理及使用、岩石的野外观察与描述、地层的野外观察与描述、常见构造的野外观察与描述和野外记录的方法及要求。实习区地质概况一篇使学生概略了解实习区的地层、构造、岩浆岩、变质岩和矿产情况。野外实习教学内容与要求一篇中路线地质教学内容是本教程的核心内容，其中实习路线包括实习的目的、内容和思考题；实习点包括点号、点位、规范的描述、地质现象的现场照片和手绘素描图，便于学生学习参考。为便于学生课前预习和课后复习，切实提高教学效果，本教程还配有多媒体课件（《普通地质学实习 CAI》，高等教育电子音像出版社出版)。

本教程是桂林理工大学《基础地质学》国家级精品课程和基础地质国家级实验教学示范中心建设所取得的部分成果。应该指出，出版这样一本实习教程在本基地尚属首次，不足之处在所难免，欢迎各位同行和读者阅后提出宝贵意见，以便在再版时加以修正。

作　者

2008 年 12 月

目　录

第一篇　野外地质工作基础知识准备

第二篇　实习区地质概况

第三篇　野外实习教学内容与要求

第四篇　附　　录

第一篇　野外地质工作基础知识准备

第一章　地质罗盘的结构及使用

地质罗盘，简称罗盘，它与地质锤、放大镜一起统称为“地质三件宝”，是地质工作者进行野外地质调查必备的重要工具之一。借助它，我们可以确定方向，测量各种面状构造（如岩层层面、断层面、节理面、劈理面等）、线状构造（擦痕）和地质体（岩体、岩脉和矿体等）的产状。正确使用地质罗盘是地质工作者的一项基本功。本章主要介绍地质罗盘的结构、检校与使用方法。

第一节　地质罗盘的结构

地质罗盘的结构原理与普通指南针一样，它的磁针是按照地球的磁场方向指向南北。地质罗盘的种类很多，但主要有两种：一种外形呈长方形，简称长罗盘；另一种外形呈近圆形、盒式，简称圆罗盘或盒式罗盘，又称盒式袖珍经纬仪。尽管地质罗盘的样式较多，但它们的基本结构和功能都相同，现以盒式地质罗盘为例予以说明。

盒式地质罗盘是用连接合页将上盖、外壳与底盘连成一体，且可以开合的罗盘仪。最主要的元件是磁针、玛瑙轴承和顶针。此外，还配有反光镜、水平刻度盘、底盘水准器、垂直水准器、瞄准觇板及磁针制动螺旋等部件（图 1-1）。

磁针安装在底盘中心的顶针上，可自由转动。不用时需旋紧制动螺旋，以固定磁针；测量时放松磁针制动器，使磁针自由摆动，最后磁针静止时所指的方向就是磁子午线的方向。由于我国位于北半球，磁针受磁北极的引力较大，故在磁针的南端绕上几圈细铜丝，

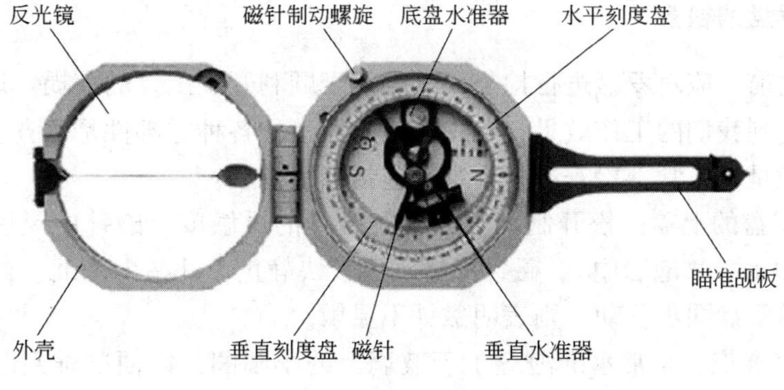

图 1-1　盒式罗盘结构图

使磁针受力平衡，保持水平；同时，也便于区分磁针的南端和北端。

水平刻度盘的刻度有两种标记方法：一种是方位角罗盘仪，度盘从0°开始按反时针方向，连续刻360°，其中0°、90°、180°和270°分别为北（N）、东（E）、南（S）和西（W），用它可直接测量某方向的方位角；另一种是象限罗盘仪，地质上很少用。

需要注意的是：刻度环上的北（N）、东（E）、南（S）和西（W），除南（S）、北（N）之外，其东（E）、西（W）与正常的左西右东方向恰好相反，这主要是为了读数方便的缘故。罗盘的工作原理是：当磁针开关打开后，无论罗盘如何旋转，磁针永远指北，但随罗盘的旋转，刻度环上的南北线也随着旋转。我们测量某一方向时，是将罗盘的南北线对准或与所测方向一致后取磁针的读数。开始测量时，我们先把罗盘置水平，使磁北针与刻度环“北”一致，这时罗盘南北线所指方向为正北0°方向。如果将罗盘向东旋转90°而指向实际方向“东”时，待磁针静止后，这时磁北针所指读数恰好是刻度环上的“西”，造成了磁北针读数和实际所测方向相差180°。由此可知，要想从刻度环上直接读出所测方向，必须将刻度环上的“东”、“西”互换才能实现，这就是罗盘刻度环上“东”、“西”反刻、角度反向的原理（图1-2）。

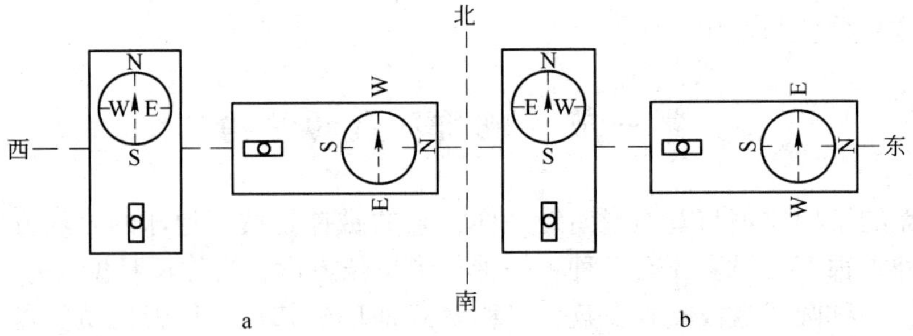

图1-2　罗盘刻度环东、西反刻原理

a—罗盘刻度按实际方向标注时，所测方向不能从磁针指向上直接读取；

b—罗盘刻度环按东、西反刻标注时，所测方向能够从磁针所指的刻度直接读取

第二节　地质罗盘的检查、校正与保护

一、地质罗盘的检查

使用罗盘之前，应对罗盘进行检查，这是能否顺利开展工作的前提，地质罗盘质量的好坏将直接影响到我们的工作效果。首先应检查罗盘的各种零部件是否齐全，然后再检查各零部件的功能是否正常。检查的内容主要包括以下几项：

（1）打开罗盘的上盖，松开制动器，检查磁针的灵敏度。磁针的灵敏度表现在当把罗盘放平时（即水准气泡居中），磁针经摆动后较快静止，并指向南北。当左右摆动罗盘方向时，磁针随罗盘同步移动，则表明磁针不灵敏。

（2）检查水准泡。正常水准泡应小于玻璃上的小圆圈，以便准确判断水准气泡是否居中。当水准气泡的大小接近玻璃上的小圆圈大小时，准确度不高；无水准气泡时，说明

该罗盘不能使用。

二、地质罗盘的校正

由于地磁的南、北两极与地理上的南、北两极位置不完全一致，相应地有地磁子午线与地理子午线亦不重合，地球上任一点的磁北方向与该点的正北方向不一致，此两方向间的夹角称为磁偏角（δ）（图1-3）。因此，在使用罗盘之前必须进行磁偏角的校正。

地球上某点磁针北端偏于正北方向的东边称为东偏，偏于西边称为西偏。东偏为“+”，西偏为“-”。

地球上各地的磁偏角都按期计算和公布，以备查用。若某点的磁偏角已知（通常地形图上都有说明），则测线的磁方位角$A_{磁}$和正北方位角A的关系为$A = A_{磁} \pm \delta$。若δ为东偏10°，所测得的方位角（α）为NE20°，则$A = \alpha + \delta = 20 + 10 =$ NE30°（图1-4）；若δ为西偏15°，所测得的方位角（α）为SE130°，则$A = \alpha - \delta = 130 - 15 =$ SE115°。应用这一原理可进行磁偏角的校正。校正时可旋动罗盘的刻度螺旋，使水平刻度盘向左或向右转动，磁偏角东偏则向右，西偏则向左，使罗盘底盘南北刻度线与水平刻度盘0°～180°连线间夹角等于磁偏角。经校正后测量时的读数就为真方位角。

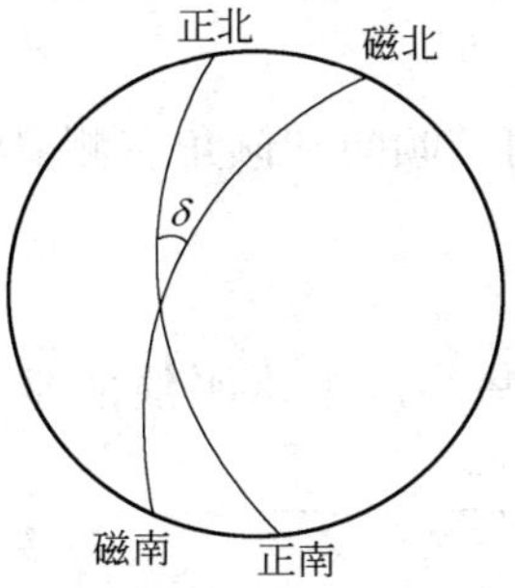

图1-3　磁偏角示意图

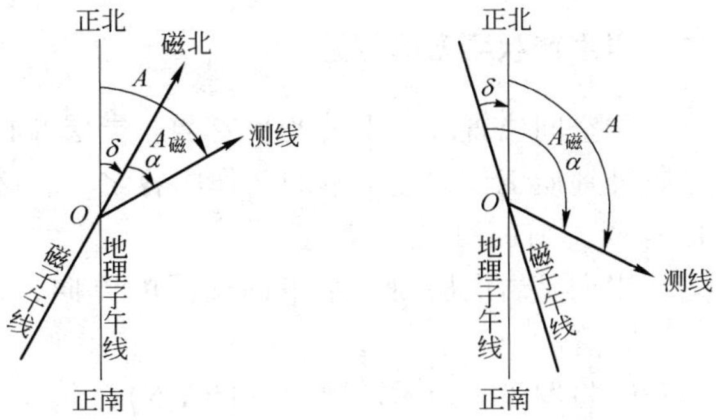

图1-4　磁偏角东、西偏示意图

三、地质罗盘的保护

在使用地质罗盘时，要经常注意以下几个问题：

(1) 罗盘不使用时，一定要装在特制的皮盒内，最好系在腰带上，养成用完放回的习惯，避免遗忘或损坏。

(2) 磁针制动器的旋紧或松开一定要轻，以防顶针尖受损而降低磁针灵敏度。罗盘用完应及时旋紧制动器，避免顶针受振动而磨损。

(3) 严防罗盘被摔、碰、振，避免磁针失去磁性，或磁针和顶针振断，玻璃盖及反光镜破碎等。

(4) 严防罗盘水浸雨淋，避免磁针和顶针氧化生锈不能灵活转动。如果罗盘受到水浸雨淋，需及时拆开拭干后放在阴凉通风处，待完全干燥后再行装上。

(5) 切记罗盘不能在强烈日光下暴晒或放在火旁烘烤，否则易使内部金属元件骤然膨胀发生误差，或使水准器水泡中的乙醚挥发。

第三节 地质罗盘的使用

一、目的物方位的测量

目的物方位的测量是测定目的物与测者间的相对位置关系，也就是测定目的物的方位角。

测量时放松制动螺丝，使觇板指向被测物，即罗盘北端对着目的物，南端靠着自己，进行瞄准，使目的物、觇板小孔或中线、反光镜上的中线细丝在一直线上，同时使底盘水准器气泡居中，待磁针静止时指北针所指度数即为所测目的物之方位角。

若用觇板对着观测者（此时罗盘南端对着目的物）进行瞄准时，指北针读数表示观测者位于测物的什么方向，此时指南针所示读数才是目的物位于测者什么方向，与前者比较这是因为两次用罗盘瞄准测物时罗盘之南、北两端正好颠倒，故影响测物与测者的相对位置。

为了避免时而读指北针，时而读指南针，产生混淆的麻烦，测量目的物方位时应以觇板指向目的物，然后恒读北针，此时所得读数即所测目的物的方位角。

二、岩层产状要素的测量

岩层的空间位置决定于其产状要素，岩层产状要素包括走向、倾向和倾角。测量岩层产状是野外地质工作的最基本的工作内容之一，必须熟练掌握。

1. 岩层走向的测定

岩层走向是岩层层面与水平面交线的方向，也就是岩层任一高度上水平线的延伸方向。

测量时将罗盘长边紧贴层面（图 1-5），然后转动罗盘，使底盘水准器的气泡居中，读出指针所指刻度即为岩层的走向。

因为走向是代表一条直线的方向，它可以两边延伸，指南针或指北针所读数正是该直线的两端延伸方向，如 NE30° 与 SW210° 均可代表该岩层的走向。

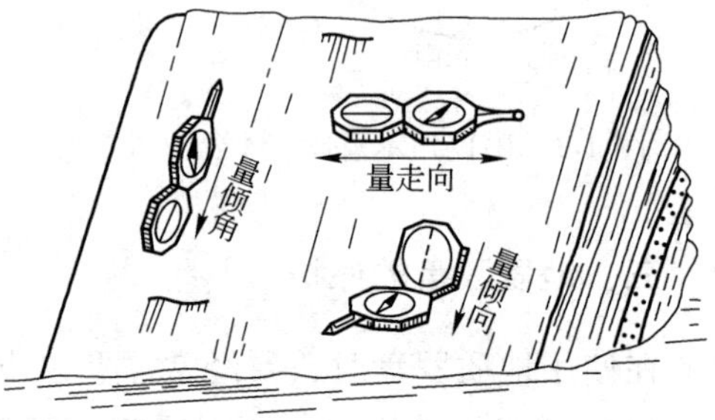

图 1-5 地质罗盘测量产状示意图

2. 岩层倾向的测定

岩层倾向是指岩层向下最大倾斜方向线在水平面上的投影所指的方向，与岩层走向垂直。在野外实际操作过程中，量取了倾向之后，加或减 90°，即得走向。

测量倾向时，将罗盘北端或觇板指向倾斜方向，罗盘南端紧靠着层面上并转动罗盘，使底盘水准器气泡居中，读北针所指刻度即为岩层的倾向。

假若在岩层顶面上进行测量有困难，也可以在岩层底面上测量。测量底面时可用罗盘南端紧靠岩层底面，因顶面和底面相反，差 180°，而南针和北针正好相差 180°，故可直接读南针，或读北针，然后再加或减 180°。

3. 岩层倾角的测定

岩层倾角是岩层层面与假想水平面间的最大夹角，即真倾角，它是沿着岩层的真倾斜方向测量得到的，沿其他方向所测得的倾角是视倾角。也就是说岩层层面上的真倾斜线与水平面的夹角为真倾角，层面上视倾斜线与水平面的夹角为视倾角。视倾角恒小于真倾角。野外分辨层面的真倾斜方向甚为重要。它恒与走向垂直，此外可用小石子使其在层面上滚动或滴水并在层面上流动，此滚动或流动的方向即为层面的真倾斜方向。

测量时将罗盘直立，并以长边靠着岩层的真倾斜线，沿着层面左右移动罗盘，并用中指搬动罗盘底部的活动扳手，使测斜水准器气泡居中，读出悬锥中尖所指最大读数，即为岩层的真倾角。

岩层产状的记录方式通常采用下面的方式：

（1）方位角记录方式，如果测量出某一岩层走向为310°，倾向为220°，倾角35°，则记录为220°∠35°或SW220°∠35°。

（2）野外测量岩层产状时应该在岩层露头上测量，不能在转石（滚石）上测量，因此要善于区分露头和滚石。区别露头和滚石，要勤于观察和追索，并注意与周围岩层产状对比。

（3）测量岩层面的产状时，如果岩层凹凸不平，可根据岩层的产状趋势，把记录本平放在岩层上当做层面以便进行测量。

第二章　GPS 的原理及使用

GPS 全球定位系统（Global Positioning System，GPS）是美国从 20 世纪 70 年代开始研制，历时 20 年，耗资 300 亿美元，于 1994 年全面建成，具有在海、陆、空进行全方位实时三维导航与定位能力的新一代卫星导航与定位系统，还提供实时、全天候和全球性的导航服务，并用于情报收集、核爆监测和应急通讯等一些军事目的，是美国称霸全球战略的重要组成。早期仅限于军方使用，由美国国防部（Department of Defense，DOD）所计划发展，其目的针对军事用途，例如战机、船舰、车辆、人员、攻击标的物的精确度定位等。时至今日，GPS 早已开放给民间作为定位使用，这项结合太空卫星与通讯技术的科技，在民间市场已蓬勃展开，除了能提供精确的定位之外，对于速度、时间、方向及距离亦能准确地提供信息，运用的范围相当广泛。截至 1994 年 3 月，全球覆盖率高达 98% 的 24 颗 GPS 卫星星座已经布设完成。

第一节　GPS 系统的基本构成

GPS 系统共由三部分构成：

（1）地面控制部分，由主控站（负责管理、协调整个地面控制系统的工作）、地面天线（在主控站的控制下，向卫星注入导航电文）、监测站（数据自动收集中心）和通讯辅助系统（数据传输）组成。

（2）空间部分，由 24 颗卫星组成，分布在 6 个轨道平面上（图 2-1）。

（3）用户装置部分，主要由 GPS 接收机（图 2-2）和卫星天线组成。

GPS 系统的空间部分使用 24 颗高度约 2.02 万 km 的卫星组成卫星星座。21 + 3（21

图 2-1　GPS 卫星星座系统示意图

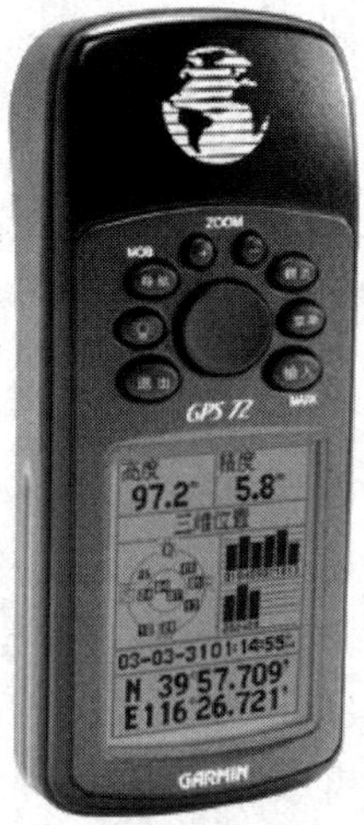

图 2-2　一种 GPS 接收机

颗卫星和 3 颗备份卫星）颗卫星均为近圆形轨道，运行周期约为 11h58min，分布在 6 个轨道面上（每个轨道面 4 颗），轨道倾角为 55°。卫星的分布使得在全球的任何地方，任何时间都可观测到 4 颗以上的卫星。决定地面接收器的位置需要 4 颗卫星。前 3 颗卫星用来相对精确地决定接收器的位置，第 4 颗卫星用来使接收器上的时钟和卫星上非常准确的原子钟进行同步。

GPS 的控制部分由分布在全球的由若干个跟踪站所组成的监控系统所构成，根据其作用的不同，这些跟踪站又被分为主控站、监控站和注入站。主控站有一个，位于美国科罗拉多（Colorado）的法尔孔（Falcon）空军基地，它的作用是根据各监控站对 GPS 的观测数据，计算出卫星的星历和卫星钟的改正参数等，并将这些数据通过注入站注入到卫星中去；同时，它还对卫星进行控制，向卫星发布指令，当工作卫星出现故障时，调度备用卫星，替代失效的工作卫星工作；另外，主控站也具有监控站的功能。监控站有 5 个，除了主控站外，其他 4 个分别位于夏威夷（Hawaii）、阿松森群岛（Ascencion）、迭哥伽西亚（Diego Garcia）、卡瓦加兰（Kwajalein），监控站的作用是接收卫星信号，监测卫星的工作状态；注入站有 3 个，它们分别位于阿松森群岛、迭哥伽西亚、卡瓦加兰，注入站的作用是将主控站计算出的卫星星历和卫星钟的改正数等注入卫星中去。

用户接收机，GPS 接收机能够捕获到按一定卫星高度截止角所选择的待测卫星的信号，并跟踪这些卫星的运行，对所接收到的 GPS 信号进行变换、放大和处理，以便测量出 GPS 信号从卫星到接收机天线的传播时间，解译出 GPS 卫星所发送的导航电文，实时地计算出用户接收机所处的三维位置、三维速度和时间。

第二节　GPS 定位原理

GPS 系统采用“时间同步、单程测距”的原理来实现定位，简单地说就是用户同时向已知其位置的 3 个导航卫星分别进行距离测量，然后再以该卫星为球心，以所测得的距离为半径，在空间画出 3 个球面，则该 3 个球面的相交点，就是用户的所在位置了。所谓“时间同步”是指卫星上的时钟与用户设备内的时钟是精确同步的（譬如说校准到两者之间几万年才差 1s）；而“单程测距”则是指从导航卫星上发出的无线电测距信号在传播到用户设备的这一单向行程中，就可以把它们之间的距离测量出来。这里做一下简单的计算：假定卫星以整秒时刻（即 1、2、3）向外发播无线电测距信号，而用户设备所接收到的测距信号比整秒时刻晚了 0.0666s，已知电波的传播速度为 300000km/s，则用户至该卫星的距离就等于 300000km/s 与 0.0666s 的乘积，即 19980km。需指出，这里是假定卫星和用户的时钟是完全同步的，即它们之间没有上点误差，这样的计算才是正确的。如果用户时钟与卫星时钟存在着时间误差，则还必须根据这个误差对计算结果进行一些修正。GPS 卫星组网之所以采用 24 颗卫星的配置方案，就是为了保证位于世界任一地点的用户，都可以随时接收到至少 4 颗导航卫星的信号，其中 3 颗卫星的信号来测距定位，第 4 颗卫星的信号就是用来计算用户时钟的误差的，至于其具体的算法，在这就不予评述了。

第三节 GPS定位方法

GPS定位的方法是多种多样的，用户可以根据不同的用途采用不同的定位方法。GPS定位方法可依据不同的分类标准，作如下划分。

一、根据定位所采用的观测值

1. 伪距定位

伪距定位所采用的观测值为GPS伪距观测值，所采用的伪距观测值既可以是C/A码伪距，也可以是P码伪距。伪距定位的优点是数据处理简单，对定位条件的要求低，不存在整周模糊度的问题，可以非常容易地实现实时定位；其缺点是观测值精度低，C/A码伪距观测值的精度一般为3m，而P码伪距观测值的精度一般也在30cm左右，从而导致定位成果精度低。

2. 载波相位定位

载波相位定位所采用的观测值为GPS的载波相位观测值，即L1、L2或它们的某种线性组合。载波相位定位的优点是观测值的精度高，一般优于2mm；其缺点是数据处理过程复杂，存在整周模糊度的问题。

二、根据定位的模式

1. 绝对定位

绝对定位又称为单点定位，这是一种采用一台接收机进行定位的模式，它所确定的是接收机天线的绝对坐标。这种定位模式的特点是作业方式简单，可以单机作业。绝对定位一般用于导航和精度要求不高的应用中。

2. 相对定位

相对定位又称为差分定位，这种定位模式采用两台以上的接收机，同时对一组相同的卫星进行观测，以确定接收机天线间的相互位置关系。

三、根据获取定位结果的时间

1. 实时定位

实时定位是根据接收机观测到的数据，实时地解算出接收机天线所在的位置。

2. 非实时定位

非实时定位又称后处理定位，它是通过对接收机接收到的数据进行后处理以进行定位的方法。

四、根据定位时接收机的运动状态

1. 动态定位

所谓动态定位，就是在进行GPS定位时，认为接收机的天线在整个观测过程中的位置是变化的。也就是说，在数据处理时，将接收机天线的位置作为一个随时间的改变而改变的量。动态定位又分为Kinematic和Dynamic两类。

2. 静态定位

所谓静态定位，就是在进行 GPS 定位时，认为接收机的天线在整个观测过程中的位置是保持不变的。也就是说，在数据处理时，将接收机天线的位置作为一个不随时间的改变而改变的量。在测量中，静态定位一般用于高精度的测量定位，其具体观测模式多台接收机在不同的测站上进行静止同步观测，时间由几分钟、几小时甚至数十小时不等。

第四节　GPS 定位误差

在利用 GPS 进行定位时，会受到各种各样因素的影响。影响 GPS 定位精度的因素可分为以下四大类。

一、与 GPS 卫星有关的因素

美国政府从其国家利益出发，通过降低广播星历精度（技术）、在 GPS 基准信号中加入高频抖动（技术）等方法，人为降低普通用户利用 GPS 进行导航定位时的精度。

1. 卫星星历误差

在进行 GPS 定位时，计算在某时刻 GPS 卫星位置所需的卫星轨道参数是通过各种类型的星历提供的，但不论采用哪种类型的星历，所计算出的卫星位置都会与其真实位置有所差异，这就是所谓的星历误差。

2. 卫星钟差

卫星钟差是 GPS 卫星上所安装的原子钟的钟面时与 GPS 标准时间之间的误差。

3. 卫星信号发射天线相位中心偏差

卫星信号发射天线相位中心偏差是 GPS 卫星上信号发射天线的标称相位中心与其真实相位中心之间的差异。

二、与传播途径有关的因素

1. 电离层延迟

由于地球周围的电离层对电磁波的折射效应，GPS 信号的传播速度发生变化，这种变化称为电离层延迟。电磁波所受电离层折射的影响与电磁波的频率以及电磁波传播途径上电子总含量有关。

2. 对流层延迟

由于地球周围的对流层对电磁波的折射效应，GPS 信号的传播速度发生变化，这种变化称为对流层延迟。电磁波所受对流层折射的影响与电磁波传播途径上的温度、湿度和气压有关。

3. 多路径效应

由于受周围环境的影响，接收机所接收到的卫星信号中还包含有各种反射和折射信号的影响，这就是所谓的多路径效应。

三、与接收机有关的因素

1. 接收机钟差

接收机钟差是 GPS 接收机所使用的钟的钟面时与 GPS 标准时之间的差异。

2. 接收机天线相位中心偏差

接收机天线相位中心偏差是GPS接收机天线的标称相位中心与其真实的相位中心之间的差异。

3. 接收机软件和硬件造成的误差

在进行GPS定位时，定位结果还会受到诸如处理与控制软件和硬件等的影响。

四、其他

1. GPS控制部分人为或计算机造成的影响

由于GPS控制部分的问题或用户在进行数据处理时引入的误差等，造成GPS控制部分人为或计算机的影响。

2. 数据处理软件的影响

数据处理软件的算法不完善对定位结果的影响。

第五节 GPS定位技术的应用

GPS技术具有全天候、高精度和自动测量的特点，作为先进的测量手段和新的生产力，它已经融入了国民经济建设、国防建设和社会发展的各个应用领域。

一、民用领域

1. 车船管理调度

在出租车行业、长途运输业、租车服务业等将能够对车辆进行跟踪、调度管理。在拥挤的停车场、火车调度场能够准确地确定车辆的位置，实施跟踪一个或多个指定的运输车辆，有效地调动车辆。

2. 邮递服务

对重要的货物、包裹与信函等进行跟踪、引导与保护。对货场物品入库与出库的调度能有效地确定货物的存放地点，提高出货效率，增加管理手段、避免积压。

3. 民航运输

使飞机着陆时驾驶员通过仪表操作对准跑道。

4. 渔业生产

GPS能满足渔猎对定位的要求。同时能为捕鱼船队在法律上避免发生捕鱼边界的纠纷，提高在经济专属区的作业效率。

5. 搜索与求援

将更加有效地对在人迹罕至、条件恶劣的航海、登山探险、滑雪、沙漠作业中失踪的人员进行求援搜索。

二、军用领域

GPS是自动化指挥系统、先进武器系统及新的战役战术理论的一项关键性基本保障技术，能为地面车辆、人员以及航空、航海、航天等领域的飞机、船只、潜艇、卫星、航天飞机进行导航定位；武器发射、侦察、飞机进场着陆、交通管制、搜索营救，战场部队、车辆以及单兵定位；精确制导导弹打击目标坐标定位及弹道导引。

三、GPS 在地质野外考察中的应用简介

利用 GPS 技术，可以精确测定目标物的平面位置坐标和海拔高程等空间位置信息。

利用差分技术的 GPS 技术可以精确地测量地球表层的水平运动，有利于研究地球的地质构造运动。根据科技日报报道，我国科研人员 30 余年来在珠峰地区大地测量研究中发现，该地区的地壳垂直运动在空间上存在较明显的变化，这种变化可能与珠峰北侧大型断裂有关。高精度 GPS 测量显示珠峰地区的水平运动以每年 35 ~ 42mm 的速度指向 NE54°方位角。

在地质野外考察中，GPS 的主要应用有：精确确定点位信息，如断层、岩石出露、泉水出露、岩溶漏斗、滑坡、化石采集点等点位；可以精确确定海拔高程、并计算位移变化，如断层移动、裂隙大小与长短等；协助 GIS 和 RS 进行其他如面积量算、路径确定等工作。

总之，GPS 是军民两用的系统，其应用范围将极其广泛。它能全球全天候连续为全球任何地点或近地空间的各类用户提供连续的全天候全球导航能力。随着全球定位系统的不断改进，硬、软件的不断完善，应用领域正在不断地开拓，目前已遍及国民经济各种部门，并开始逐步深入人们的日常生活。它以全天候、高精度、自动化、高效益等显著特点，正在逐步被成功地应用于大地测量、工程测量、航空摄影测量、运载工具导航和管制、地壳运动监测、工程变形监测、资源勘察、地球动力学等多种学科和各种领域。

第六节　eTrex SUMMIT 手持 GPS 功能和使用方法简介

一、eTrex SUMMIT 手持 GPS 简介

eTrex SUMMIT 手持 GPS 是 2000 年底推出的一款手持机精品。该机在继承以往所有机型的优势基础上，体积更小，选用动感、活泼的彩色外壳，精巧别致的流线外形，简洁明了的侧面按键操作，配合 GARMIN 强大的 GPS 软件，使定点、导航功能更加完善。

eTrex SUMMIT 手持 GPS 综合了输出大地坐标和自动求面积功能。自然功能更全面、性能更出色。待时时间更长。

eTrex SUMMIT 手持 GPS 在原有机型的功能上，减少接收板每个芯片信道功耗，缩编菜单复杂操作，改变版面设计，增进单线分段式导航功能。

eTrex 技术指标导航性能：

型号：eTrex（图 2-3）

产地：美国

航路点：298 个，可直观显示最近 9 个航路点

航线：1 条包含 50 个航点的航线

航迹：自动记录航迹 1400 点，还可另存 10 条航迹

坐标系：107 个预设坐标系和自定义坐标系（可定义为北京 54 坐标）

接收性能：接收机并行 12 通道

定位时间：热启动 15s；冷启动 45s

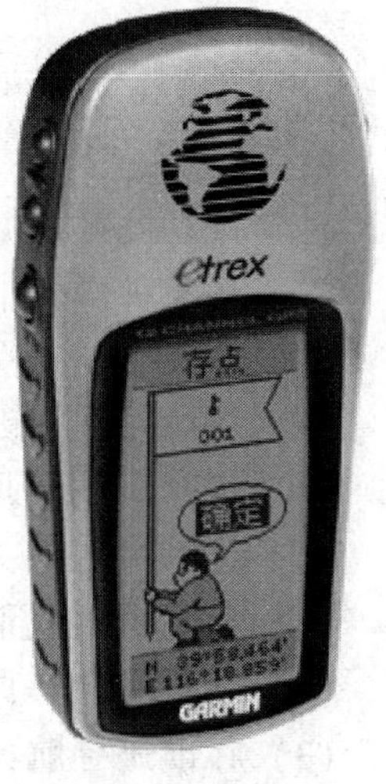

图 2-3　eTrex SUMMIT 手持 GPS

自动定位：1. 5min
数据更新率：1 次/s，连续
位置精度：10m（单机）RMS 1 ~ 5m（差分定位）
RMS 速度精度：0. 1 节 RMS
接口定义：NMEA0183 和 RTCM104
物理特性：显示屏幕 5. 4 cm × 2. 7cm；尺寸 11. 2cm × 5. 1cm ×3. 0cm
重量：150g（带电池）
封装：外壳防水设计
温度范围：–15 ~70℃
电源：2 节 5 号碱性电池
功耗：0. 35W
标准配置：GARMIN ETREX 牵引绳索
使用说明书注：中文机 eTrexC

二、GPS 航点的基本操作

1. 按键及功能介绍

GPS 手持机按键如图 2-4 所示。

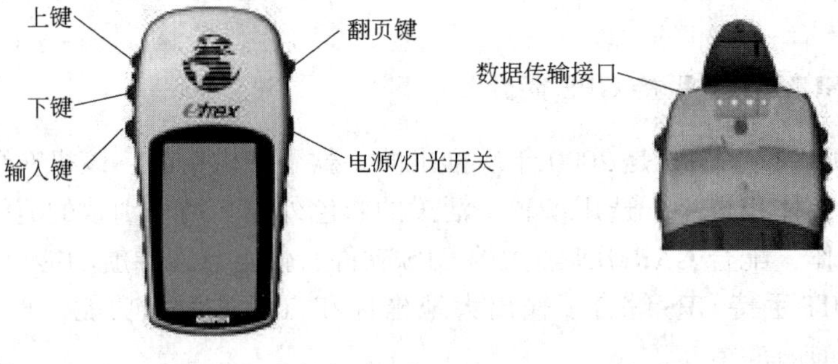

图 2-4　eTrex SUMMIT GPS 手持机按键图

翻页键：
（1）按动此键将循环显示各个主页面。
（2）从某种操作中退出到主页面。
电源键：
（1）持续按住此键将开机或关机。
（2）短时间按下此键将打开或关闭背景光。
上下键：
（1）在各页面或菜单中，上下移动光标。
（2）在卫星状态页面中，调节屏幕显示对比度。
（3）在航迹导航页面中，放大或缩小比例尺。
（4）在罗盘导航页面中，查看各种数据。
输入键：

（1）激活光标所在选项。

（2）确认菜单选项。

（3）在可以进行输入操作的地方输入数据。

注：eTrex（小博士）被设计为左手握机并操作，但用右手也可以很好地握机和操作，这取决于您的个人习惯。

2. 电池的安装

eTrex（小博士）需要 2 节 AA 电池。AA 电池安装在接收机的后部。

注：您更换电池时存储的数据不会丢失。

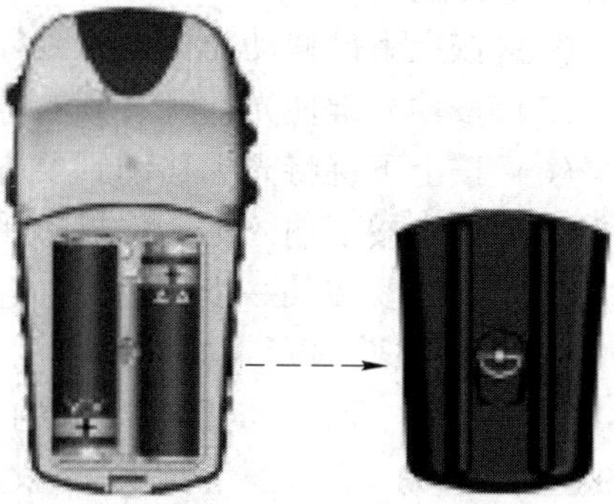

图 2-5　GPS 电池安装图

安装电池（图 2-5）：

（1）将机器后盖的金属 D 型环轻轻扳起，将其逆时针旋转 90°，即可将后盖拉出。

（2）将电池安装进去。注意，一定要按照刻在塑料盒内的正负极标来安装电池。

（3）合上电池盖，将金属环顺时针旋转 90°，关牢电池盖。

（4）电池的电量由“功能菜单页面”底部的状态棒显示。

3. 存储航点

“小博士”有两种方法可以存储航点：

（1）连续按翻页键直到显示“功能菜单页面”；用上下键将光标移动到“存点”的功能选项上；按下输入键将进入“存点页面”（图2-6）；再次按下输入键后，就可以将当前位置存储为航点。

（2）在任意页面中，按住输入键两秒钟，将直接进入存点页面；再次按下输入键，即可完成存储操作。

航点的默认名称将从 001 开始依次延续，航点的图标默认为旗帜。您也可以按照后面介绍的“编辑航点”的方法来对它们进行修改。

注：只有“小博士”已经处于定位状态，所存储的坐标才是当前位置的坐标。

4. 查看航点

（1）按翻页键直到显示“功能菜单页面”。

（2）用上下键将光标移动到“航点”的功能选项上。

（3）按下输入键进入“航点页面”（图 2-7），页面左边是按照航点（名称的首字母

图 2-6　存点界面

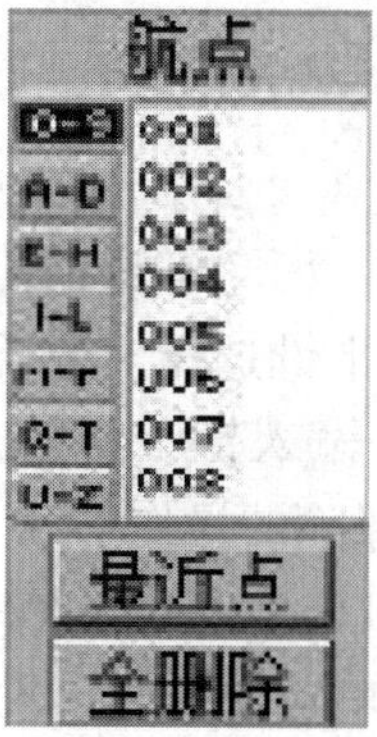

图 2-7　航点页面

排列的列表)。

(4) 按上下键移动光标，直到要查看航点出现。

(5) 按输入键使光标跳转到右侧的航点列表。

(6) 按上下键将光标移动到要查看的航点名称上。

(7) 再次按下输入键，将显示出该航点的信息页面（图 2-8)。

(8) 若需要在某一步骤退出，连续按下翻页键就可以逐步退出。

5. 编辑航点

(1) 按照上面“查看航点”的方法，显示要编辑航点的信息页面(图 2-8)。

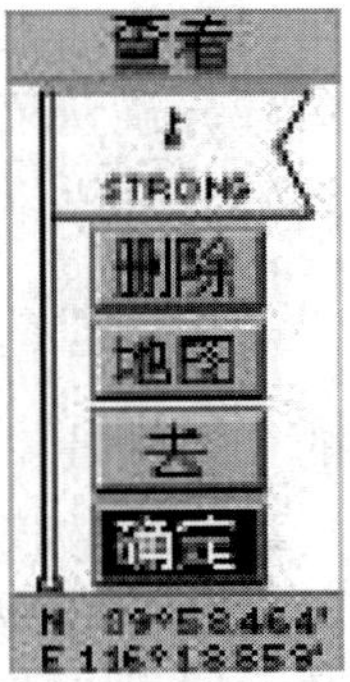

图 2-8　查看航点页面

(2) 按上下键将光标移动到要编辑的区域，按下输入键后就可以进行编辑，可编辑的项目有名称、图标和坐标，下面将分别说明。

(3) 编辑名称（图 2-9)。按下输入键将弹出一个字母和数字的列表，用上下键来选择要使用的字母或数字，再次按下输入键确认使用该字符，光标将自动移到下一个字符上。按照此方法输入全部字符后，按下屏幕下方的“确定”按钮，完成编辑名称的操作。

(4) 编辑图标（图 2-10)。按下输入键将弹出一个图标的列表，用上下键来选择要使用的图标，再次按下输入键确认使用该图标，完成编辑图标的操作。

(5) 编辑坐标（图 2-11)。按下输入键将弹出一个字母或数字的列表，用上下键来选择要使用的字母或数字，再次按下输入键确认使用该字符，光标将自动移到下一个字符上。按照此方法输入全部字符后，按下屏幕下方的“确定”按钮，完成编辑名称的操作。

图 2-9　编辑航点名页面

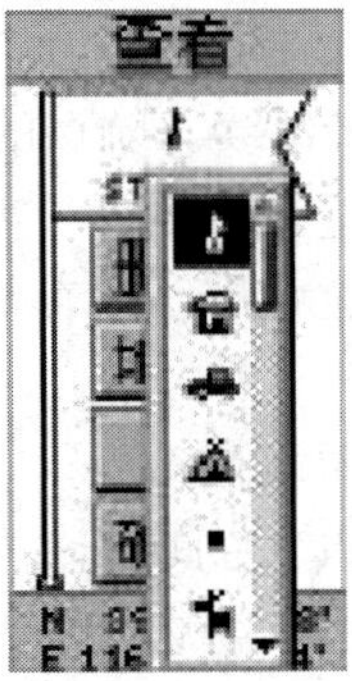

图 2-10　编辑航点图标页面

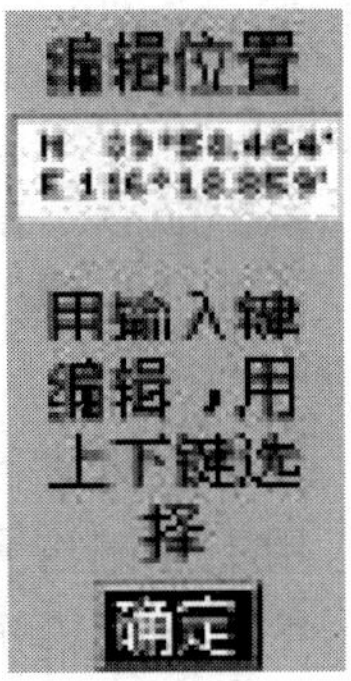

图 2-11　编辑航点坐标页面

6. 删除航点

(1) 按照上面“查看航点”的方法，显示要编辑航点的信息页面（图 2-8)。

(2) 按上下键选择“删除”按钮。

(3) 按下输入键，机器将询问是否确认删除，选择“是”将删除该航点，选择“否”将取消删除的操作。

7. 关于 GPS 的相关设置的操作

在功能菜单页面中的设置选项中，可以对时间、对比度和背景光、单位、输入输出接口和系统工作状态进行设置。

各项设置的方法大致相同，在这里做一说明：

（1）按翻页键直到显示“功能菜单页面”。

（2）用上下键将光标移动到“设置”的功能选项上。

（3）按下输入键进入“设置页面”（图 2-12）。

（4）用上下键将光标移动到要设置的内容上，再按下输入键进入相关设置内容。

（5）用上下键将光标移动到设置的具体某项数据上。

（6）按下输入键将弹出关于该数据区域可选的参数列表。

图 2-12　设置页面

下面将详细说明各项设置内容的具体选项参数：

（1）设置单位（图 2-13）：

1）位置格式：坐标的显示格式。默认的格式为经纬度格式中的“hddd°mm. mmm′”，也就是“度分”的格式，此外还有“hddd. ddddd°”和“hddd°mm′ss. s″”，分别是“度”和“度分秒”的格式。

如果您需要使用“北京 54”坐标，这一项要选择“User Grid”，在出现的“USER UTM GRID”的页面（图 2-14）中，您需要输入以下参数：

“LONGITUDE”为当地 3 度带或 6 度带的中央子午线经度，如广西灌阳县为 E111°，“SCALE”投影比例，该数值为1，“FALSE E”东西偏差，该数值通常为 500000，“FALSE N”南北偏差，该数值为 0。

2）地图基准：坐标的参考坐标系统。默认的坐标系统为“WGS 84”。如果您需要使用“北京 54”坐标，这一项要选择“User”，在出现的“（WGS84-LOCAL）”的页面（图 2-15）中，您需要输入以下参数：DA = －108，DF = 0. 0000005，DX、DY、DZ 三个参数因地区而异，某区 DX = 16、DY = －95、DZ = －55。

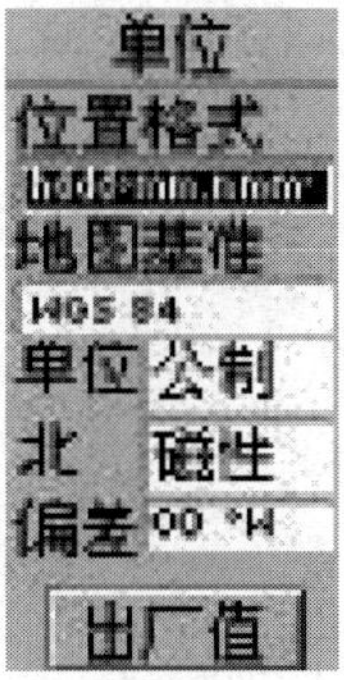

图 2-13　单位设置页面

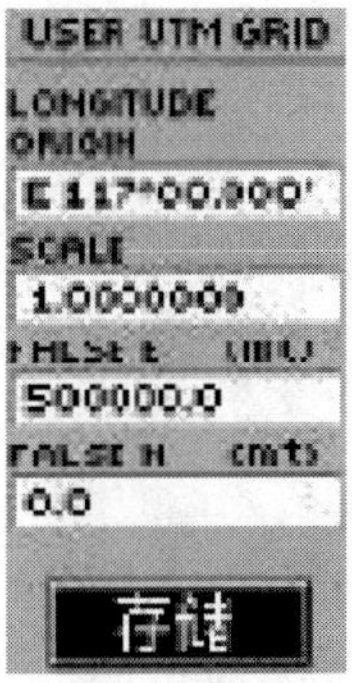

图 2-14　参数设置页面

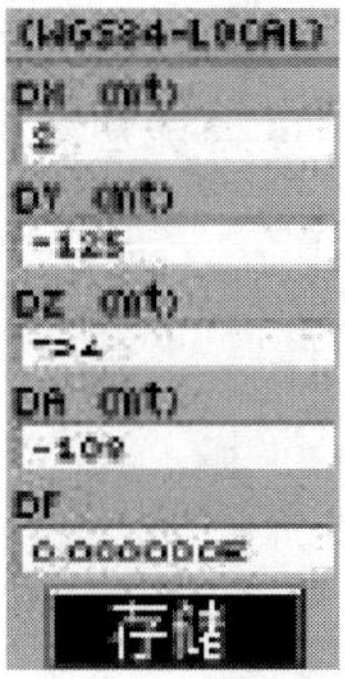

图 2-15　地图基准页面

注：在输入参数后，一定要按屏幕下方的“存储”按钮，否则输入的参数将不会被保存，从而无法转换到正常的“北京 54”坐标。

3）单位：设置距离、速度、面积等数据的度量单位，可选择“公制”、“英制”和“航海”。

4）北：设置“北”的基准，选择“真”，则以真北为北的基准，选择“磁性”，则以地磁场的北极来作为北的基准，选择“网格”则以当地地图的网格北作为北的基准。

一般来说网格北与真北的差别不大。

5）偏差：当“北”基准选择了“磁性”时，这里将显示此时的磁偏角。

6）出厂值：按下“出厂值”的按钮，单位页面的各项设置将恢复出厂时的设置。

（2）设置输入输出接口。在“界面”的设置页面中，您可以选择7种不同的输入输出串行数据格式或关闭接口。这一功能用来连接外部的NMEA设备、信标接收机或计算机等。为了能和计算机连接并下载GPS航点应在“输入/输出”界面中选择“GARMIN”（GARMIN的数据格式，用来与计算机交换航路点、航迹线或地图等信息）（图2-16）。

图 2-16　输入输出设置

三、GPS 野外数据采集

1. GPS点位的选择

实习时GPS点的定点主要是在地层分界点、地层岩性控制点、断层通过点和断层控制点等地方。

（1）地层分界点。在踏勘和地质填图过程中，标志层是确定地层分组的依据，也是定点的依据。在实测剖面过程中，地层分组的地方需定点，同一地层内分层的地方可定可不定点。

（2）断层通过点和断层控制点。断层通过点和与断层发育有关的溶洞、落水洞等断层控制点也应相应的定点。

2. 野外数据的存储方式

在野外利用GPS定点后，直接存储在GPS里的数据一般只包括点号、经度、纬度和高程等几项内容，我们还应将该点的点号、点性、描述在野外记录本上详细记录，待回到室内再进行整理和数字化。

第三章　岩石的野外观察与描述

岩石是最基本的地质体，可分为岩浆岩、沉积岩和变质岩三大类，它们是构成各种地质构造和地形地貌的物质基础，也是地质实习观察和认识的主要对象。

第一节　沉积岩的野外观察与描述

沉积岩是在地表或近地表的条件下，由母岩（岩浆岩、变质岩和早先形成的沉积岩）风化、剥蚀的产物经搬运、沉积和硬结成岩而形成的岩石。沉积岩绝大部分是在水介质中沉积形成的，但也有少数是在空气介质中沉积形成的（如风积岩、火山碎屑岩）。

沉积岩在地表分布广泛，约占地表面积的70%，但其主要集中于地壳表层，全球的平均厚度约1.8km，估计占地壳体积的10%左右。

一、沉积岩的基本特征

1. 沉积岩的物质成分

沉积岩的物质成分主要为岩屑、矿物、有机质及胶结物。其中，岩屑是母岩经风化、剥蚀下来的岩石碎屑，有些则是来自于火山喷发的产物。矿物常包括三种类型：一是从原岩上风化剥蚀下来的碎屑矿物，如石英、长石、云母等；二是在风化剥蚀过程中新形成的次生矿物，主要是高岭石、蒙脱石、水云母等黏土矿物；三是在沉积过程中形成的化学沉淀新矿物，如方解石、白云石、燧石（SiO_2）、赤铁矿等。有机质在沉积岩中也很常见，主要包括动植物的遗体和骨骼，有些岩石可全部由有机体的碎屑组成，如煤、珊瑚礁灰岩等。在碎屑组成的沉积岩中，还常见有胶结物将碎屑黏结起来，常见的胶结物成分有钙质（$CaCO_3$）、硅质（SiO_2）、铁质（FeO、Fe_2O_3）、泥质等。

2. 沉积岩的结构

沉积岩的结构可分为碎屑结构、泥质结构、晶粒结构和生物结构。

碎屑岩是沉积岩中的一个重要类型。碎屑结构，由碎屑、杂基和胶结物三部分组成，其中碎屑包括岩屑、矿物碎屑、生物骨骼等；杂基为机械沉积的黏土、细粉砂；胶结物包括泥质、钙质、硅质、铁质。碎屑岩的结构是指构成碎屑岩的矿物及岩石碎屑的大小、形状以及空间组合方式。碎屑岩的结构包括碎屑颗粒的结构、杂基或胶结物的结构以及碎屑和填隙物之间的关系等诸多特征。

碎屑颗粒的结构特征是指粒度、球度、形状、圆度和颗粒的表面特征。粒度是指颗粒的大小；球度用于衡量一个颗粒近乎于球体的程度，等轴状矿物球度高，片状、柱状矿物球度低；形状用圆球体、椭球体、扁球体和长扁球体来表示；圆度是指原始的碎屑棱角被磨圆的程度，用比较形象的棱角状、次棱角状、次圆状和圆状划分出四个级别；颗粒表面特征是看碎屑颗粒的表面的磨光程度如何以及是否有刻蚀的痕迹。

填隙物结构包括杂基和胶结物。杂基是和粗大碎屑一起沉积下来的细粒填隙组分，属于机械沉积，杂基粒度一般小于 0.03mm；而胶结物是化学成因的物质，一般含量小于 50%，填隙在孔隙之间。胶结物有非晶质和显晶质等结构类型。

碎屑和填隙物之间的关系，也称胶结类型。主要有以下四种情况（图 3-1）：基底胶结的填隙物为杂基且含量高，碎屑颗粒呈星点状分布；孔隙胶结则不然，胶结物含量低，只充填在碎屑之间的孔隙中；接触胶结和孔隙胶结类似，但胶结物含量更低，只分布在颗粒之间接触的地方；镶嵌结构的特点是颗粒之间呈凹凸线状接触，似乎没有胶结物。

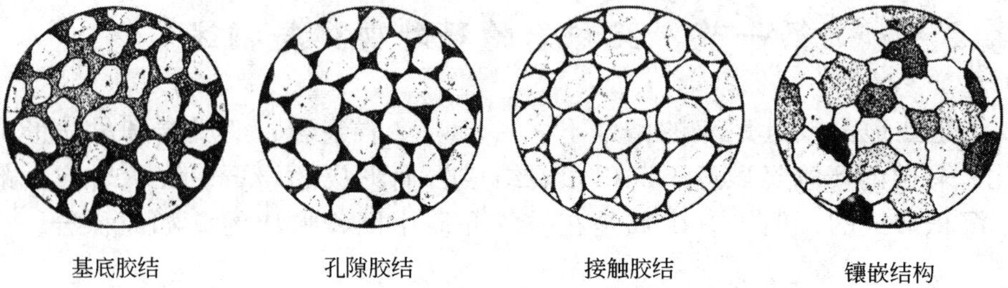

图 3-1　碎屑和填隙物之间胶结类型

3. 沉积岩的构造

沉积岩的构造分层理构造和层面构造。层理构造是沉积岩在形成过程中，由于沉积环境的改变所引起的沉积物质的成分、颗粒大小、形状或颜色在垂直方向上发生变化而显示出来的成层现象。层理是沉积岩最重要的一种构造特征，是沉积岩区别于岩浆岩和变质岩的最主要标志。

层理的主要类型有水平层理、平行层理、波状层理、斜层理、粒序层理、块状层理。

层面构造是沉积物沉积后未固结时由于流水、风、暴晒、雨滴、冰雹作用而形成。如波痕、泥裂、槽模、沟模、雨痕、冰雹痕、虫迹、石盐假晶和结核等。

层理构造和层面构造特征和成因分析详见第四章介绍。

4. 沉积岩的颜色

沉积岩的颜色按成因可分为三类：继承色、自生色、次生色，其中继承色和自生色都是原生色。继承色主要决定于碎屑颗粒的颜色，如长石砂岩多呈红色，纯石英砂岩呈白色。自生色决定于沉积物堆积过程中及其早期成岩过程中自生矿物的颜色，如海绿石。次生色是在后生作用阶段或风化过程中，原生组分发生次生变化，由新生成的次生矿物所造成的颜色。

沉积岩的颜色主要决定于岩石的成分，即决定于岩石中所含的染色物质，即色素，或者说沉积岩的颜色多半是由含铁化合物或含游离碳等染色物质（色素）造成的。灰色和黑色与岩石中的有机质（炭质、沥青质）或分散状硫化铁（黄铁矿、白铁矿）有关。红、棕、黄色与岩石中的铁的氧化物或氢氧化物（赤铁矿、褐铁矿）等有关。绿色多数是由于含低铁的矿物，如海绿石、鲕绿泥石等。少数是由于含铜的化合物，如孔雀石。有时是由于含有绿色的碎屑矿物，如角闪石、阳起石等。

沉积岩按成因可分为他生沉积岩和自生沉积岩，并进一步分为陆源碎屑岩、火山碎屑岩、碎屑-生物-化学岩、化学岩和有机岩（表 3-1），其中最常见、分布最广的是黏土岩（泥质岩）、砂岩和碳酸盐岩（石灰岩及白云岩）。

表 3-1　沉积岩分类

他生沉积岩		自生沉积岩		
陆源碎屑岩	火山碎屑岩	碎屑-生物-化学岩	化学岩	有机岩
砾岩 >2mm	集块岩 >50mm	碳酸盐岩	蒸发岩	煤
砂岩 2 ~ 0.05mm	火山角砾岩 50 ~ 2mm	磷质岩	锰质岩	油页岩
粉砂岩 0.05 ~ 0.005mm	凝灰岩 <2mm	铝质岩	铜质岩	
泥质岩 <0.005mm		铁质岩		

注：据何镜宇等，1986。

二、沉积岩的野外观察与描述

1. 碎屑岩

（1）颜色　岩石的总体颜色，并要区别新鲜面和风化面的颜色。

（2）构造　观察岩石中有无层理及层理类型、波痕等。

（3）结构　碎屑岩的结构包括碎屑颗粒的特点（颗粒大小、圆度、球度、形状、分选性等）、胶结物的特点，以及碎屑颗粒与胶结物之间的关系（胶结类型）三方面的内容。野外观察时，主要是确定碎屑颗粒的大小、分选性、磨圆度、球度和胶结类型等。

1）描述碎屑颗粒大小及其含量　若为粗碎屑岩，描述砾石或角砾（包括大小、形状、磨圆度等）。碎屑颗粒的大小及粒级划分见表 3-2。

表 3-2　碎屑颗粒粒级划分

颗粒类型			自然粒级标准 /mm	φ 粒级标准	
大类	类			毫米值	φ 值
砾	粗砾		>100	64 ~ 16	-6 ~ -4
	中砾		100 ~ 10	16 ~ 4	-4 ~ -2
	细砾		10 ~ 2	4 ~ 2	-2 ~ -1
砂	巨砂	粗砂	2 ~ 1	2 ~ 1	-1 ~ 0
	粗砂		1 ~ 0.5	1 ~ 0.5	0 ~ 1
	中砂	中砂	0.5 ~ 0.25	0.5 ~ 0.25	1 ~ 2
	细砂	细砂	0.25 ~ 0.1	0.25 ~ 0.125	2 ~ 3
	极细砂		0.1 ~ 0.05	0.125 ~ 0.0625	3 ~ 4
粉砂	粗粉砂	粉砂	0.05 ~ 0.01	0.0625 ~ 0.0156	4 ~ 6
	细粉砂		0.01 ~ 0.005	0.0156 ~ 0.0039	6 ~ 8
泥			<0.005	<0.0039	>8

2）描述碎屑的成分　常见的有石英、长石、云母、岩屑和化石碎屑等，并估计其含量。

3）描述胶结物的成分　铁质胶结，岩石呈紫红或褐色；泥质胶结，岩石呈土块状，较疏松，小刀可以刻动；硅质胶结，岩石呈白色，坚硬，小刀刻不动，且胶结紧密；钙质胶结，岩石呈灰或灰白色，较软，小刀可刻动。此外，粗碎屑岩还要描述胶结类型，是基底胶结、孔隙胶结，还是接触胶结。

（4）次生变化　岩石受风化，会使长石风化为黏土矿物，二价铁氧化为三价铁等。形成次生色明显者需仔细描述并与该岩石本身的颜色区分开。

（5）描述举例　石英砂岩。

石英砂岩：岩石新鲜面为白色，风化面为灰白色；具层理构造，厚层状；粗砂结构，粒度一般为1～1.5mm，有5%大于2mm的砾石，磨圆度好，多呈浑圆状，分选亦较好；硅质胶结。碎屑主要为石英，其质量分数大于90%。可见少量长石，风化后成高岭土。

2. 黏土岩

黏土岩中的黏土矿物很细小，肉眼难以鉴定其成分，主要是观察描述黏土岩的颜色和物理性质。

（1）颜色　一般的黏土为浅色，混入有机质则呈黑色，混入氧化铁呈褐色或红色，含绿泥石为绿色。

（2）物理性质　观察岩石的断口、硬度、可塑性，在水中是否泡软，吸水性强弱等。

（3）构造　观察岩石中有无层理、结核、泥裂等。

（4）生物化石　观察岩石中是否含有生物化石。

（5）描述举例　页岩。

页岩：黄绿色，带少量褐色斑点，岩石致密，硬度低，指甲可刻动，断口粗糙，不透水，表面光泽暗淡，可见细小云母片，含三叶虫化石，具有平行的薄层状页理构造。

3. 碎屑-生物-化学岩类

碎屑-生物-化学岩类最常见的为碳酸盐岩类。组成碳酸盐岩的矿物主要为方解石（$CaCO_3$）和白云石（$CaMg(CO_3)_2$）。

（1）碳酸盐岩的结构组分，包括颗粒、泥晶、胶结物和生物骨架等。

1）颗粒相当于碎屑岩中的碎屑颗粒，但它是在盆地内形成，在水盆地内就地形成或经短距离搬运再沉积的。它包括内碎屑、鲕粒、生物碎屑和球粒。

①内碎屑是已形成的弱固结的碳酸盐沉积物，经岸流、波浪和潮汐等的作用而破碎再沉积形成的碎屑。内碎屑按粒径大小可分为：砾屑（大于2mm）、砂屑（0.05～2mm）和粉屑（0.05～0.005mm）。内碎屑粒径越大，代表形成内碎屑时的水动力越强。

②鲕粒是具核心和同心层（包壳）结构的球状和似球状颗粒，直径小于2mm的称鲕粒，大于2mm的称豆粒。

③生物碎屑是由生物死亡后遗体的钙质硬体部分组成的颗粒。

④球粒是由泥晶碳酸盐矿物组成的颗粒，多呈卵圆形，内部结构均匀，粒径约在0.03～0.2mm，大于0.2mm的称团粒。

2）泥晶为泥级的碳酸盐质点。

3）胶结物是指充填在颗粒之间的结晶的方解石。

4）生物骨架是由原地生长的造礁群体生物所组成的一种坚硬的碳酸钙骨架。

（2）碳酸盐岩的分类及结构：

1）按矿物成分分为灰岩——主要由方解石组成，进一步按含泥质的多少分为灰岩、含泥灰岩、泥质灰岩、泥灰岩。白云岩——主要由白云石组成，通常具晶粒结构。

2）按结构组分分为鲕粒灰岩（鲕粒结构）；生物碎屑灰岩（生物碎屑结构）；砾屑灰岩（砾屑结构）；内碎屑灰岩，包括砂屑灰岩（砂屑结构）、粉屑灰岩（粉屑结构）、泥晶灰岩（泥晶结构）和生物岩系列——礁灰岩（生物骨架结构）。

（3）碳酸盐岩的观察与描述：

1）颜色　以灰-灰白色居多，也随混入物而有变化。

2）构造　有无微细层理和层面构造，有无化石。

3）结构　若为晶粒结构（结晶粒状），则按晶粒大小分为巨晶（大于2mm）；粗晶（2～0.5mm）；中晶（0.5～0.25mm）；细晶（0.25～0.1mm）；若为鲕状结构应描述鲕粒的大小、形状、含量；若岩石很致密为隐晶结构。若为内碎屑结构，应注意观察内碎屑的形态、大小、排列方式，及其反映的水动力强弱；若为生物结构，要注意区分生物碎屑结构和生物骨架结构，观察主要生物的种类、生物碎屑的破碎程度及埋藏状态。

4）胶结物　泥晶方解石、亮晶方解石。

5）硬度　一般皆小于小刀，如混入硅质，硬度增高。

6）与酸反应　一是注意观察加稀盐酸后起泡剧烈程度，并以此区分灰岩和白云岩，与稀盐酸剧烈反映者为灰岩，粉末起泡者为白云岩。二是注意观察与稀盐酸充分反映后不溶残余物的多少，一般说来，纯灰岩与稀盐酸反应后无泥质残余物；含泥灰岩、泥质灰岩、泥灰岩反应后均有残余物，且残余物依次增加。

(4）描述举例　砂屑灰岩。

砂屑灰岩：灰白色、砂屑结构、厚层构造，亮晶方解石胶结，呈填隙状，小刀可刻动，加盐酸剧烈起泡。

第二节　岩浆岩的野外观察与描述

岩浆岩是由岩浆凝结形成的岩石，约占地壳总体积的65%。岩浆是在地壳深处或上地幔中天然形成的、富含挥发组分的高温黏稠的硅酸盐熔融体，是形成各种岩浆岩和岩浆矿床的母体。岩浆的发生、运移、聚集、变化、冷凝成岩及其对围岩影响的全过程，称为岩浆作用。

一、岩浆岩的基本特征

1. *岩浆岩的矿物成分*

岩浆岩的矿物成分反映了岩石的化学成分和形成条件，是岩浆岩分类命名的主要依据。

组成岩浆岩的矿物种类繁多，但常见矿物约20多种，最常见的有橄榄石、辉石、角闪石、钾长石、斜长石、石英、黑云母等。其中，长石类矿物分布最广，次为石英。

石英是花岗岩的主要矿物，在侵入岩中一般呈不规则他形粒状，无色透明，贝壳状断口，油脂光泽，无次生变化。在酸性侵入岩的边缘相或酸性脉岩中的斑晶石英，可呈六方双锥自形晶，晶面呈玻璃光泽。在喷出岩中，石英斑晶一般为半自形或自形，常被熔蚀而呈浑圆状或港湾状。

钾长石产于侵入岩中时主要为正长石、微斜长石，在浅成侵入岩和喷出岩中则出现透长石。钾长石一般呈肉红色、浅黄色、灰白色，他形粒状，玻璃光泽；两组解理完全，解理夹角90°；常见卡式双晶。以斑晶出现的正长石，常呈板状、柱状自形晶体。

斜长石是岩浆岩中分布最广泛的矿物，在各种成分的岩浆岩中均可出现。斜长石一般呈灰色或灰白色，有时呈淡红色或褐灰色；柱状或板状晶体；玻璃光泽；易风化，风化或遭受蚀变后常呈土状光泽；两组完全解理，解理夹角86°左右；断口呈较平整的阶梯状；双晶发育，以钠长石双晶（聚片双晶）和卡钠复合双晶最为常见。

普通角闪石是中酸性岩浆岩的重要造岩矿物，基性辉长岩类中也有普通角闪石，在喷出岩中普通角闪石多呈双晶出现。普通角闪石多为暗绿色；晶体呈柱状或长柱状，横断面为假六边形（近似菱形）；解理夹角56°和124°；玻璃光泽。

辉石是基性岩和超基性岩的主要造岩矿物，辉石可分为两类：一类属斜方晶系，如紫苏辉石；另一类属单斜晶系，如普通辉石。辉石一般为绿黑、绿褐、黑褐等色调；晶体呈短柱状或近等轴粒状，横断面近正方形；解理夹角87°和93°；玻璃光泽。

橄榄石是超基性岩和基性岩的常见造岩矿物。新鲜的橄榄石呈鲜艳的橄榄绿色或黄绿色，晶体呈粒状、砂糖状、玻璃光泽，断口不规则或呈贝壳状。橄榄石在地表条件下易蚀变为蛇纹石，由橄榄岩蚀变而成的蛇纹岩，一般为隐晶质，致密块状，具滑感，颜色多为黄绿、暗绿等色，可见蛇皮状花纹，断口呈蜡状光泽，断口边缘为半透明状。

黑云母主要出现在中酸性岩浆岩中。黑云母以具黑色、深褐色色调，易与其他云母类矿物相区别，沿解理面易剥开成薄片状，呈珍珠光泽和具弹性等特征易与其他铁镁暗色矿物相区别。

2. *岩浆岩的颜色*

岩浆岩颜色的深浅是暗色矿物和浅色矿物相对含量的反映。通常把岩浆岩暗色矿物的含量（体积分数），称为色率或颜色指数。根据岩浆岩的色率，可大致推断岩石的化学成分，判断它们大概属于哪一类岩石。一般来说，岩石的色率越高，越偏基性；反之，则偏酸性。如橄榄岩的色率常大于90%，辉长岩的色率在30%～50%之间，花岗岩的色率一般小于10%。由此可知，岩浆的颜色和色率是肉眼鉴定岩浆岩的重要标志之一。

岩浆岩的颜色除与暗色矿物的含量有关外，还与矿物颗粒的大小有关。颗粒越细小，颜色越深；暗色矿物含量相同的岩石，粒度细小的要比粒度粗大的岩石颜色深得多。所以对于隐晶质、玻璃质的岩石，不能仅根据岩石颜色的深浅确定大类。

3. *岩浆岩的结构*

岩浆岩的结构是指岩石中矿物的结晶程度、颗粒大小、晶体形态、自形程度和矿物颗粒间的相互关系。一般来说，岩石的结构取决于岩浆成分和岩浆形成时的物理化学条件（如温度、压力、浓度、冷凝速度等）。因此岩浆岩的结构既是岩石分类命名的依据之一，也是探讨岩石形成环境的重要标志。

岩浆岩结构特征的详细观察描述，主要在显微镜下进行，而肉眼所能够观察到的结构特征是极有限的。下面通过表格列举一些肉眼条件下能够观察到的结构类型及其特征（表3-3、表3-4、表3-5）。

表3-3 岩浆岩肉眼常见结构类型

划分依据	结晶程度	自形程度	晶体形态	颗粒大小	
				绝对大小	相对大小
结构类型	全晶质结构 半晶质结构 玻璃质结构	全自形结构 半自形结构 他形结构	粒状结构 柱状结构 片状结构	显晶质结构 粗粒结构 >5mm 中粒结构 5～2mm 细粒结构 2～0.2mm 微粒结构 <0.2mm 隐晶质结构	等粒结构 不等粒结构 斑状结构 似斑状结构

表 3-4　显晶质、隐晶质和玻璃质结构的肉眼区别

显晶质结构	隐晶质结构	玻璃质结构
肉眼可分辨矿物颗粒； 断口粗糙、不平整； 肉眼可鉴定矿物成分	肉眼不能分辨矿物颗粒； 断口较平整，常呈瓷状断口； 光泽暗淡，无玻璃光泽	几乎全由玻璃物质组成； 结构致密，常见贝壳状断口； 常显玻璃光泽或油脂光泽

表 3-5　斑状和似斑状结构的肉眼区别

结构类型	斑状结构	似斑状结构
基　质	玻璃质、隐晶质或微粒结构	显晶质，常为细粒、中粒，有时为粗粒结构
斑　晶	矿物成分与基质相同，但常为高温变种，如高温石英、透长石，斜长石则较基质偏基性；自形程度一般较高，常具熔蚀和暗化边现象	矿物成分与基质相同；自形程度不同，不具熔蚀和暗化边现象
成　因	斑晶形成早，基质形成晚；斑晶形成于深部，基质形成于浅部。　常见于喷出岩和浅成岩	斑晶与基质基本同时形成；常见于浅成岩和部分中深成岩

4. 岩浆岩的构造

岩浆岩的构造是指岩石中不同矿物集合体之间，或矿物集合体与其他组分之间的排列方式及填充方式所表现的特点。岩浆岩的构造特征除了与岩浆本身的特点有关外，还与岩石形成的地质环境有关，因此研究岩浆岩的构造特征可以帮助判断岩浆岩的形成条件、区分不同成因的岩浆岩类型。

侵入岩中常见的构造类型有块状构造、带状结构、斑杂构造、球状构造，以及流线、流面构造等。喷出岩中常见的构造类型有气孔构造、杏仁构造、流纹构造和柱状节理构造等。

5. 岩浆岩的产状

岩浆岩的产状是指岩浆岩体的形态、大小与围岩的接触关系，以及形成时所处的地质构造环境和距离当时地表的深度等。研究岩浆岩的产状有助于了解岩浆岩的形成条件。根据岩浆活动方式的不同，可将岩浆岩的产状分为侵入岩的产状和喷出岩的产状两大类。

侵入岩的产状根据侵入体与围岩的接触关系，可以分为整合侵入体和不整合侵入体两类。整合侵入体的接触面基本平行于围岩的层理、层面或片理，按其形态不同可分为岩盆、岩盖和岩床等；不整合侵入体与围岩的层理、层面或片理斜交，按其形态、规模不同可分为岩基、岩株、岩枝、岩墙和岩脉等。

喷出岩的产状与喷发类型有关，裂隙式喷发常形成熔岩被、熔岩流、熔岩瀑布等；中心式喷发常形成岩钟、岩针、火山锥等。

二、岩浆岩的野外观察与描述

在野外对岩浆岩进行分类命名时，应首先根据岩石的产状和结构构造特征，区分出是深成岩、浅成岩，还是喷出岩；然后，根据岩石中石英、长石、似长石和暗色矿物的种属及含量，确定岩石的大类和基本名称（表 3-6）。而野外对岩浆岩的观察描述一般应包括颜色、构造、结构、矿物成分、次生变化等内容。

表 3-6　岩浆岩分类

系　列		钙　碱　性					碱　性
岩　类		超基性岩	基性岩	中性岩		酸性岩	碱性岩
SiO_2 含量		<45%	45% ~53%	53% ~66%		>66%	53% ~66%
石英含量		无	无或很少	<5%		>20%	无
长石种类及含量		一般无长石	斜长石为主	斜长石为主	钾长石为主	钾长石>斜长石	钾长石为主含似长石
暗色矿物种类及含量		橄榄石辉石 >90%	主要为辉石，可有角闪石、黑云母、橄榄石等 <90%	以角闪石为主，黑云母、辉石次之 15% ~40%	以角闪石为主，黑云母、辉石次之 15% ~40%	以黑云母为主，角闪石次之 10% ~15%	主要为碱性辉石和碱性角闪石 <40%
产状	结构特征 / 岩石名称 / 色率	>90	35 ~90	15 ~40	15 ~40	9 ~15	<40
深成岩	中粗粒结构或似斑状结构	橄榄岩 辉　岩	辉长岩	闪长岩	正长岩	花岗岩	霞石正长岩
浅成岩	细粒结构或斑状结构	苦橄玢岩 金伯利岩	辉绿岩	闪长玢岩	正长斑岩	花岗斑岩	霞石正长斑岩
喷出岩	无斑隐晶质结构 斑状结构 玻璃质结构	苦橄岩 科马提岩	玄武岩	安山岩	粗面岩	流纹岩	响　岩

1. 颜色

观察岩石整体的颜色，以描述岩石新鲜面颜色为主，同时指出岩石遭受风化后颜色的变化。岩石的颜色往往呈多种色调，应采用复合命名法按颜色命名，以反映出颜色的主次、深浅。一般主色调放在复合名称的后面，次色调放在复合名称的前面。如黄绿色，表明岩石的颜色以绿色为主，次为黄色。

2. 结构

注意观察岩石的结晶程度、主要矿物的自形程度、矿物颗粒的大小。根据岩石的结晶程度，确定是全晶质结构或半晶质结构，还是玻璃质结构。如为全晶质结构，应仔细观察矿物的自形程度，确定主要矿物是全自形晶、半自形晶，还是他形晶。此外，比较主要矿物的相对大小，是等粒的还是不等粒的，是斑状的还是似斑状的。目估或测量主要矿物粒径的绝对大小，指出矿物粒度的分布范围；确定是粗粒结构、中粒结构，还是细粒结构。最后，对各种单因素结构特征加以综合，定出岩石的综合结构类型名称，如全晶质半自形中粒结构。

3. 构造

观察岩石中矿物颗粒的分布是否均匀，有无一向或两向延长的矿物定向排列，有无某种矿物的集中分布，有无气孔，气孔的形态、大小、多少，排列有无方向性，有无充填物（杏仁）等。根据以上特征定出岩石的构造类型或名称。

4. 矿物成分

矿物成分是岩浆岩观察描述的重点。一般来说，凡是肉眼（借助放大镜）能够辨认的矿物，都要对其特征进行描述。描述的顺序由多到少、由大到小；先描述主要矿物，后描述次要矿物。具斑状结构的岩石，先描述斑晶矿物，后描述基质矿物。描述的内容包括矿物的颜色、光泽、透明度、解理、硬度、晶体形态、颗粒大小、含量等。

5. 其他特征

观察有无次生变化，次生变化的类型和特征，如橄榄石、辉石易变为蛇纹石，角闪石、黑云母常变成绿泥石，而长石则变成绢云母、高岭石等；有无矿化现象，矿化类型；裂隙是否发育，岩石是否破碎，有无外来物质充填等。

6. 岩浆岩描述

一般按颜色、结构、构造、矿物成分和次生变化等顺序进行岩浆岩描述。

描述举例：辉长岩。

辉长岩：岩石为黑灰色，风化面略显黑绿色；中粒结构，颗粒一般在 2～3.5mm；块状构造；主要矿物为斜长石和辉石，各占 55% 和 40% 左右。斜长石为灰白色，柱状，玻璃光泽；辉石为黑色，短柱状，玻璃光泽，解理面清晰，两组解理交角近于 90°。

第三节　变质岩的野外观察与描述

变质岩是地壳中已形成的岩石（岩浆岩、沉积岩或变质岩）在高温、高压及化学活动性流体的作用下，使原岩石的物质成分、结构、构造发生改造而形成的新岩石。

一、变质岩基本特征

变质岩在地表分布面积较小，约占 10%。地表的这些变质岩一般是由地下深处经过构造抬升并剥蚀出露的，变质岩在地下深处分布广泛。就体积而言，变质岩可能约占地壳的 50%～60%。

变质岩按形成的地质背景及原因主要包括接触变质岩、动力变质岩、区域变质岩和混合岩等几类（表 3-7）。地壳中含量多、分布广的变质岩主要有片岩、片麻岩、混合岩、麻粒岩及大理岩等。

表 3-7　变质岩分类

岩　类	接触变质岩		动力变质岩	区域变质岩
	热接触变质岩	气-液交代变质岩		
岩石名称	石英岩、角岩、大理岩	矽卡岩、蛇纹岩	碎裂岩、糜棱岩	板岩、千枚岩、片岩、片麻岩

1. 变质岩的矿物成分

变质岩的矿物以长石、石英、云母、角闪石、方解石、辉石等为主，且其含量高、分布广。沉积岩中那些常温、常压下形成的表生矿物在变质岩中一般难以存在。变质岩中常出现某些仅在变质岩中存在的矿物，这类矿物称变质矿物，常见的有石榴子石、红柱石、硅线石、滑石、蓝闪石、蛇纹石、石墨等，这些矿物常能反映岩石变质的环境，是鉴别变质岩的有力标志。

2. 变质岩的结构

变质岩的结构是指岩石中矿物的结晶程度、颗粒大小、形状及其结合方式。

变质岩的结构主要有三大类：强烈彻底变质作用形成的变晶结构；变质作用不彻底，保留原岩特征的变余结构；动力变质作用形成的压碎结构。

（1）变晶结构　原岩在变质过程中经重结晶作用而形成的结晶质结构的总称。

根据变晶矿物颗粒的相对大小可分为：

1）等粒变晶结构　岩石中大部分主要变晶矿物颗粒大小大致相等。

2）不等粒变晶结构　主要变晶矿物颗粒大小不等但呈连续变化。

3）斑状变晶结构　矿物颗粒直径大小相差悬殊，在较细粒的变质基质中，有较大的变晶矿物。

根据变晶矿物粒度绝对大小可分为：

1）粗粒变晶结构　矿物颗粒平均直径大于3mm。

2）中粒变晶结构　矿物颗粒平均直径3～1mm。

3）细粒变晶结构　矿物颗粒平均直径小于1mm。

（2）变余结构　变余结构也称为残留结构，因为重结晶作用不彻底，使原岩的矿物成分和结构特征部分保留下来形成的一种结构类型。

变余结构的命名原则，在原岩结构之前加“变余”二字即可。常见的变余结构有变余花岗结构、变余斑状结构、变余砂状结构、变余泥质结构等。

（3）压碎结构　根据矿物的机械破碎程度分为碎裂结构和糜棱结构。

碎裂结构是岩石受定向压力作用后，其本身及组成矿物发生破裂、移动、研磨等现象。部分矿物被压碎为细粒，部分保留原形，但也出现裂纹。

糜棱结构是岩石中所有矿物均被压碎成细小的颗粒，并呈锯齿状接触，其内部物质在滑动时可形成一种类似流动的构造的排列。

3. 变质岩的构造

变质岩的构造是指组成岩石中的各种矿物在空间分布和排列的方式。可为分定向构造和无定向构造两大类。

（1）定向构造　岩石中的长条状、片状（或板状）矿物平行某一平面或某一方向排列形成的构造。它是在定向压力参与下形成的。

1）板状构造　岩石中矿物颗粒细小，肉眼难以分辨，岩性似薄板状，常出现一组平行的破裂面，且光滑平整，破裂面具有微弱的丝绢光泽，具变余泥质结构。

2）千枚状构造　岩石中的鳞片状矿物呈定向排列，沿定向排列方向可劈成薄片，具较强的丝绢光泽，断面参差不齐，为千枚岩所特有。

3）片状构造，又称片理构造　由云母、绿泥石、滑石、角闪石等片状、板状或针状矿物呈连续平行排列而成。沿片理面极易劈成薄片，而且还常呈波状弯曲，显示强烈的丝绢光泽。

4）片麻状构造　暗色的片状、柱状矿物（如云母、角闪石等）呈平行排列，且被浅色粒状矿物（如石英等）所隔开，呈现出黑白相间的条带。

5）眼球状构造　沿片状、片麻状构造的片理，分布有类似眼球状大小的（如长石等）矿物晶体，组成眼球状构造。

原岩受变质作用的程度不同，变质岩构造特征也不同，如沉积岩中黏土质岩石在低级作用下，形成板岩；在中级变质时形成云母片岩；在高级变质作用下形成片麻岩。

（2）无定向构造：

1）斑点构造　岩石在发生变质过程中，有些物质发生迁移、聚集成斑点，为浅变质岩的构造特征。

2）块状构造　整个岩石的矿物分布均一，无定向排列。这种构造反映岩石在变质过程中，不具显著的定向压力，如大理岩。

二、变质岩的观察与描述

变质岩的观察描述内容，与其他岩类相似，也是颜色、构造、结构、矿物成分、次生变化等特征。所不同的是变质岩的结构、构造和矿物成分特点与岩浆岩、沉积岩有显著不同，是变质岩的主要定名依据，并能反映变质过程中的物理化学条件和生成历史。

（1）构造　构造是变质岩的主要定名依据，常见的有以下几种：

1）片理　板状、千枚状、片状、片麻状等，其区分方法是：

①首先直接观察结晶颗粒大小，若肉眼不易分辨的则可能属板状、千枚状类；肉眼能予以分辨的则可能属片状、片麻状类。

②然后再进一步观察破裂面的特点。对于肉眼不易分辨颗粒者，若破裂面光滑整齐，易劈成厚度均匀的薄板状的，则为板状构造；若片理面上见有强烈的丝绢光泽，且有时尚见有许多明显的小皱纹者则为千枚状构造。对于片状与片麻状的区分，首先观察矿物的形态特点，然后注意定向排列的连续性。若主要由片状或柱状矿物所组成，且成连续分布则为片理构造；反之若以粒状矿物为主，片、柱状矿物虽定向排列，但不连续成层，则为片麻构造。

2）块状　岩石中全部由粒状矿物组成，不显定向性。

3）条带状　不同组分按一定方向成层状或带状分布。

（2）结构　肉眼所能观察的变质岩的结构包括变晶结构、变余结构和压碎结构。和其他岩石类似，观察时根据矿物颗粒大小和形状等先区别属于哪一大类结构，再确定具体的结构名称。若同时具有几种结构特征，则需指出它们间的相互关系，并加以综合，如岩石按颗粒的相对大小而言是斑状变晶结构，但基质部分为鳞片状矿物组成，岩石总的结构应该写成“具鳞片变晶基质的斑状变晶结构”。

（3）矿物成分　要观察描述肉眼和放大镜能辨认的所有矿物，注意观察矿物的颜色、光泽、解理、硬度、形状、大小等，并估其含量。目估其含量，要特别注意变质矿物种类和含量以及原岩矿物的遭受变质情况，如重结晶、压碎、拉长等。具有斑状变晶结构的，先描述变斑晶，后描述变基质；不具斑状变晶结构的，按矿物的含量，由多到少依次描述。

（4）描述举例　绢云母石英片岩。

绢云母石英片岩：灰白色，具片理构造，斑状变晶结构，矿物组成主要是白云母、绢云母，含量60%（质量分数）以上，此外还有酸性斜长石、石英。石英为灰白色、粒状，目估含量30%（质量分数）左右。斜长石为粒状，灰白色，目估含量10%（质量分数）左右。

第四章　地层的野外观察与描述

野外见到的成层岩石（沉积岩、火山岩及其变质岩）泛称岩层，当涉及探讨它们的先后顺序、地质年代和组成填图单位时，就称为地层。地层是某一地质时期内所形成的一套岩层组合。地层具有很多物质属性，包括岩石学特征、生物学特征、地层结构、厚度和形态、接触关系、地球物理和地球化学特征。这些属性是进行地层划分对比的重要依据，也是野外进行地层学研究所必须观察和描述的。

野外调查中必须全面收集各类地层资料，有步骤地进行观察。首先应观察沉积岩系总的关系及构造情况，尤其是大型构造（如侵蚀面、大断层等）；然后仔细观察露头的岩性成分、结构，给岩石以恰当的命名；再看其各种沉积构造、生物化石，确定岩层的顶底面和岩层间的接触关系，建立地层的基本单位，进行地层划分对比；最后根据观察所得的全部资料，初步恢复该地区的古地理环境，进行岩相古地理分析。

第一节　岩性、岩性组合及地层结构的观察描述

首先观察岩层中各类单层的颜色、岩石成分、结构（包括颗粒的粒度、分选和磨圆）及单层厚度（表4-1）等，正确识别和描述各类单层的岩性。随后观察岩层中各类单层的组合方式。这种组合方式现在被称为地层结构或基本层序。地层结构可简单地分为两类：均质型结构和非均质型结构（表4-2）。

表4-1　地层单层分类

类　别	厚度/cm	类　别	厚度/cm
块　状	>300	中　层	10～50
巨厚层	100～300	薄　层	1～10
厚　层	50～100	微薄层	0.5～1

表4-2　地层结构类型

<table>
<tr><td>构造类型</td><td colspan="2">层状地层</td><td>非层状地层</td></tr>
<tr><td rowspan="6">简单型</td><td>均质型</td><td>均一式</td><td rowspan="6">斜列式
叠积式
嵌入式等</td></tr>
<tr><td rowspan="5">非均质型</td><td>互层式</td></tr>
<tr><td>夹层式</td></tr>
<tr><td>有序多层式</td></tr>
<tr><td>无序多层式</td></tr>
<tr></tr>
<tr><td>复合型</td><td colspan="2">上述各简单型结构的复合</td><td></td></tr>
</table>

注：据杜远生等人资料，1998年。

如果地层序列中单层的岩性、结构基本相同，且单层厚相差不大，通常称为均一式结构，如灰白色厚层细粒石英砂岩。如果地层序列由两类岩层类型规则或不规则交互组成，则称为互层式结构，如黑色薄层硅质岩与灰黑色页岩互层。地层序列中如果以一种类型的单层为主，间夹有另外一种类型的单层，称为夹层式结构，如灰白色厚层中粒石英砂岩夹灰白色薄层粉砂岩；灰黄色厚层灰岩夹灰黄色薄层泥灰岩。

地层序列常常由三种或三种以上特征不一的单层组成，其组合方式部分很有规律，如各种旋回沉积序列，称为有序多层式。部分组合方式没有一定的规律，则称为无序多层式，如非旋回沉积。通常用图示更能反映地层结构或基本层序。因此，野外必须对地层结构进行详细的观察、测量、素描或照相。通过对上述地层结果的识别，给岩层以正确的定名，并能识别出地层序列中各部分的差异，进而对地层进行划分。

第二节　古生物化石的观察和采集

古生物化石是进行生物地层、年代地层和生态地层划分对比的依据，也是进行沉积相分析的重要资料。因此，野外地层工作必须收集古生物化石资料，一般应注意以下几点：

(1) 首先对露头的古生物化石进行系统的观察和描述，初步确定主要类别，对时代意义强的化石类别，如菊石、笔石、㷊等需仔细观察描述。对单位面积内的化石类别进行统计，以确定其分异度、优势度和相对丰度。

(2) 观察描述化石的保存状况，包括保存位置、分选性及排列方向，确定是原地埋藏还是异地埋藏。

(3) 在对化石进行系统观察之后，逐层采集化石，也可边观察边采集，采集时应尽量多采，从数量上足以达到鉴定种的目的，对一些新类型和具特殊意义的化石（能反映系统演化等）应尽量多采。采集时不仅采集大化石，还须采集各类微体化石。化石采集时须及时记录，其内容包括采集位置及编号等。

(4) 如岩层内保存有大量个体大小不同的化石时，应当收集自幼年期至成年期一系列反映个体演化发育的标本。

(5) 为了避免损坏化石标本，化石采集后必须立即用软纸或棉花包装好并妥善装箱。

第三节　地层接触关系的观察与描述

地层之间的接触关系类型复杂。可分为整合接触、不整合接触两类。不整合接触又可分为平行不整合接触和角度不整合接触。野外观察的重点是这些接触界面及界面上下地层的差异。

不整合界面是一个岩性突变面，上下地层的岩相及古生物组合是不连续的。通常在界面上发育有古风化壳、底砾岩和规模较大的冲刷面。平行不整合（或假整合）上下地层产状一致，部分界面平直，部分界面起伏不平，多为古岩溶面（图 4-1）。角度不整合界面上下地层产状不一，通常上下地层的构造式样及变质程度有较大的差别。非整合面（或不整合）是沉积盖层和下伏岩浆岩或深变质岩之间的分隔界面，代表了古老基底经历了长期的暴露、风化和剥蚀之后接受再沉积的历史。

对不整合观察不能只限于局部观察点，需在大范围内追索其分布范围和类型变化情况。因为同一次构造运动造成的不整合在不同地区表现不一，有的地方表现为角度不整合，有的则为微角度不整合或过渡到平行不整合，甚至某些地区为整合接触。因此观察时需注意这种变化关系，不要看到一种接触关系就在更大区域上牵强地推广。

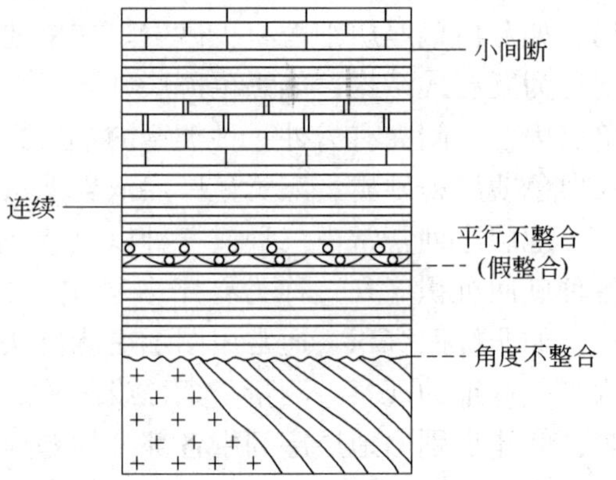

图 4-1　不整合类别图
（据张守信，1989，修改；转引自杜远生等，1998）

地层的不整合接触关系的描述：首先指出上覆及下伏地层是什么时代、岩性组合、化石依据，然后描述接触地段的特征，有无侵蚀面及古风化壳的存在。特别要注意描述上覆地层最底部的特征及岩性纵向上和横向上变化差异，结合上下两套地层的产状关系判断是角度不整合还是平行不整合。为了更充分的说明问题，还要绘制一个示意剖面图。

第四节　地层系统和单位的建立

在地层物质属性（包括岩性及岩性组合、古生物化石、接触关系等）观察描述和研究的基础上，建立地层单位和确定地层系统是地层学的中心任务。由于地层的物质属性不同，地层划分的依据不一，所建立的地层单位也不一样。常见的地层单位有岩石地层单位、年代地层单位、生物地层单位、磁性地层单位、生态地层单位、地震地层单位、构造地层单位，以前三种最为重要（表 4-3）。而野外能确定和建立的主要是岩石地层单位。

表 4-3　岩石地层单位、生物地层单位和年代地层单位特征比较

特　征	岩石地层单位	生物地层单位	年代地层单位
划分依据	岩　性	生物化石	岩石形成年代
地层单位术语及级别	群 组 段 层 已成体系，有大小级别之分	生物带：组合带、延限带、顶峰带、谱系带及其他各种生物带 未成体系，无大小级别之分	宇 界 系 统 阶 时带 已成体系，有大小级别之分
使用范围	地方性	区域性或全球性	全球性

岩石地层单位包括群、组、段、层四级单位，其中组是基本单位，是具有相对一致的岩性和具有一定结构类型的地层体。组可以由一种单一的岩性组成，也可以由两种岩性的岩层互层或夹层组成，或由岩性相近、成因相关的多种岩性的岩层组合而成，或为一套岩性复杂的岩层，但可与相邻岩性简单的地层单位相区分。组的顶、底界线清楚，可以是不整合界线，也可以是整合界线，但组内不能有不整合界面。此外，组的厚度一般为几十米

至几百米，要求可以在区域地质图（1∶5万 ～ 1∶20万）上表达出来。同时，组也应有一定的分布范围。

群比组高一级，为岩性相近，成因相关，地层结构类似的组的联合。段比组低一级，根据岩性、地层结构、地层成因的差别可以将组分为段。层是最小的岩石地层单位，野外实测地层剖面一般要划分层，它是岩性相同或相近的岩层组合，或相同地层结构的组合。

野外地层工作中，一般通过实测剖面分层建组，然后经过区域地质填图验证地层划分的正确性。同时研究地层的古生物化石及其他地层属性，建立起相应的地层单位，如生物地层单位和年代地层单位，并加以对比，这样一个地区的地层系统就建立起来了。

第五节　沉积构造及沉积相分析

一、沉积构造类型

沉积构造是沉积岩和变余沉积岩的成因标志，是恢复古环境、古气候及古地理的重要依据，它们在野外大多都可观察到，因此在野外必须认真仔细观察，做好必要的记录，重要的构造应照相或素描。沉积构造主要包括：层理构造、层面构造、准同生变形构造、生物及化学成因构造。

1. 层理

层理由纹层、层系和层系组组成（图4-2）。根据形态可划分为以下几种类型（图4-3）：

（1）交错层理　交错层理是由一系列与层面斜交的内部纹层组成层系，层系之间由层系面分隔。交错层理根据其形态可分为板状、楔状、波状和槽状交错层理等多种类型。依据交错层理的形态、大小、前积层倾角和方向等可判断出水动力特征和古水流方向，进而帮助识别古环境。流水作用一般形成较高角度的板状交错层理，而冲洗作用则形成低角度（小于10°）的楔状交错层理（冲洗层理），进退潮流作用则形成双向的鱼骨状（或羽状）交错层理。

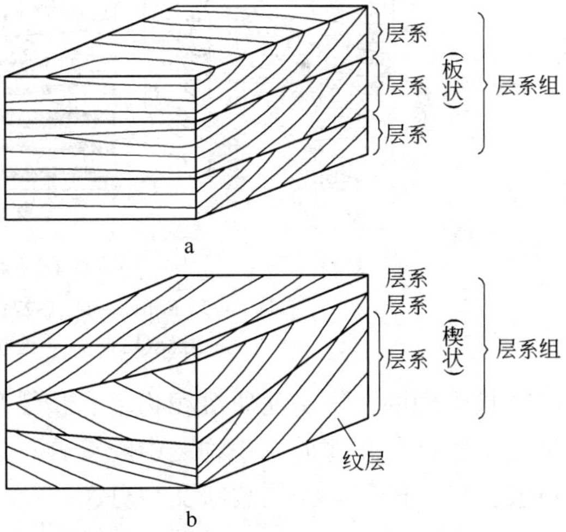

图4-2　层理的基本术语图示

（据刘宝珺，1980）

（2）平行层理和水平层理　二者的纹层均相互平行且层面一致，但平行层理是高流态环境下的沉积，沉积物粒度粗（中粗砂级），纹层不清晰，不连续，沿层面易剥开。水平层理反映水能量低的宁静环境，沉积物粒度细（泥质），层理清晰且连续。

（3）递变层理　递变层理也称粒序层理，是在同一岩石层内由下而上粗细粒度递变纹层所显示的层理，层面基本上相互平行，底部一般具冲刷面。递变层理一般认为是重力流成因。

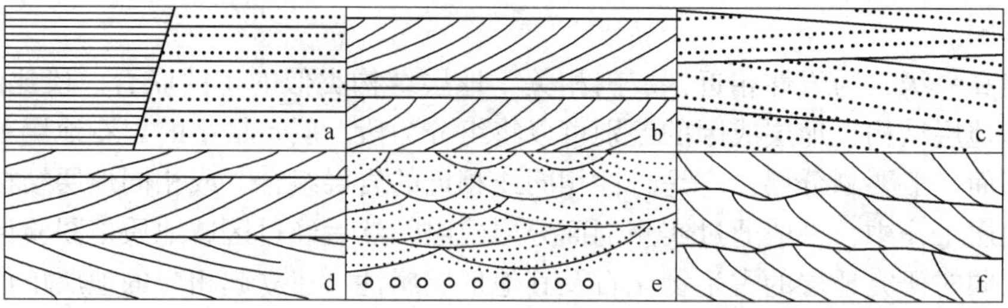

图 4-3　水平层理、平行层理和交错层理

（转引自杜远生等，1998）

a—水平层理（左）和平行层理（右）；b—板状交错层理；c—楔状交错层理（冲洗交错层理）；d—鱼骨状交错层理；e—槽状交错层理；f—波状交错层理

（4）均质层理和块状层理　均质层理和块状层理用肉眼甚至仪器也难以识别出这两类层理内部的纹层。块状层理内部成分不均一，大小混杂，反映未经分选的沉积物经快速堆积而成，如冲积扇。均质层理内部成分粒度均一，反映单一成分的快速堆积或由生物扰动破坏原层理所致。

（5）潮汐层理　潮汐层理包括脉状层理、波状层理和透镜状层理（图 4-4）。它们是涨潮流与退潮流所造成的砂质沙纹与平潮期所沉积的不同数量的泥质交互而形成。

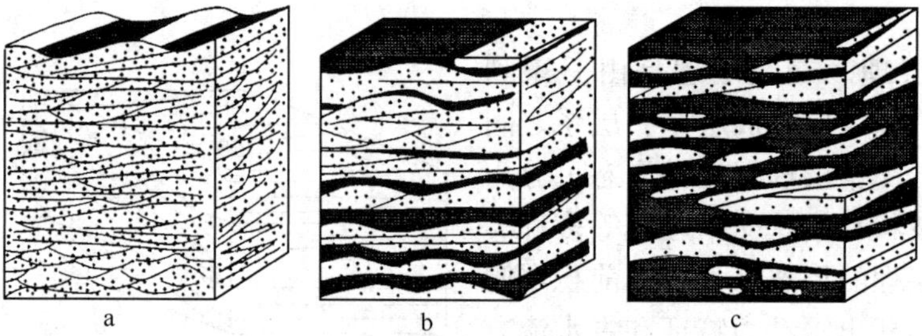

图 4-4　潮汐层理类型

（据 H. E. Reineck，1977；转引自杨逢清等，1990）

a—脉状层理；b—波状层理；c—透镜状层理

脉状层理的特征是泥质沉积物呈脉状体分布在砂质沉积物中，透镜状层理是砂质沉积物呈透镜体被包在泥质沉积物之中断续分布。而波状层理则是介于脉状和透镜状层理之间的过渡类型，砂层与泥层波状交替分布。

2. 层面构造

层面构造主要包括波痕、冲刷痕、压刻痕、泥裂、槽模、沟模、雨痕、冰雹痕、虫迹、石盐假晶等。波痕是指流水、波浪或风作用于砂质等非黏性沉积物表面留下的波状起伏的痕迹。按其成因可分为流水波痕、浪成波痕及风成波痕。水能量加强，常在下伏沉积物，尤其是泥质沉积物表面形成冲蚀的槽状痕迹，称为冲刷痕，冲刷形成的沟槽被沉积物充填后则形成槽模和沟模。槽模长轴方向代表水流方向，高起的一端代表上游。沟槽常成组出现，是岩石底面上的一种平行脊状构造，和模槽一样，也是确定古水流方向的标志之一。沉积物中携带的粗粒物质（如砾石、生物介壳）在下伏沉积物顶面刻画出各种痕迹，称为刻压痕。冲刷痕和刻压痕是重力流沉积中常见的沉积构造。暴露构造是指沉积物间歇暴露于大气中时在沉积物表面形成的沉积构造，如泥裂是沉积物露出水面后，暴晒干涸形成的收缩裂缝；晶体印模是原来在松软沉积物表面形成的石盐晶体，后来被熔融掉，留下的印痕被其他物质交代或充填，以假象的形式保留下来。通常反映沉积盆地间歇性暴露环境，如潮上带，湖滨环境等。

3. 同生变形构造

同生变形构造是指沉积物沉积之后固结之前发生塑性变形形成的构造，它仅局限于上下未变形层之间以区别于后生构造。常见的准同生变形构造有负载构造、包卷层理、滑塌构造等。准同生变形构造发育于快速堆积（沉积物来不及及时脱水）或具有原始倾斜的沉积层中。由于沉积物的液化和侧向流动，可形成具复杂揉皱的包卷层理。差异压实作用或构造不稳定（如地震的颤动），常导致上覆粗粒层下陷到下伏松软沉积层中形成负载构造、枕状和球状构造。滑塌构造一般是沉积物沿原始陡倾的沉积斜坡下滑发生滑塌，滑动或位移产生的，沉积层可变形成简单或复杂的褶曲，伴有滑动面或重力小断层（图4-5）。根据准同生变形构造的类型和强度可以帮助认识沉积盆地性质及堆积速度，古斜坡坡向等等。

图 4-5　滑塌构造
（据何起群，1978；转引自杨逢清等，1990）

4. 化学及生物成因构造

化学及生物成因构造类型繁多，常见的有鸟眼构造和叠层状构造。鸟眼构造指白云岩或灰岩中大小约1mm的蠕虫状或不规则状亮晶方解石充填体，一般认为鸟眼构造形成于潮坪环境，由藻类腐解留下孔隙或者气泡，经亮晶方解石和石膏填充而成。叠层构造是地质历史时期中一种常见的生物成因构造，以藻纹层和沉积纹层交替出现为特征，其形态多样，多形成于潮坪环境。

二、沉积相分析

野外进行沉积相分析，主要依据以下相标志：

（1）岩石矿物标志。沉积物组分能反映沉积历史、物源及沉积介质的特征。如纯净的石英砂岩形成于浅水高能条件（如海滩环境）；富含长石，不稳定岩屑的杂砂岩形成于颗粒未经充分簸选的快速沉积场所（如断陷盆地）；一些特殊的沉积岩和沉积矿产具有较好的指相意义，如礁灰岩、鲕状灰岩、含菊石或放射虫的硅质岩、含笔石的黑色页岩、煤和铝土矿等。此外，一些自生矿物（沉积期或同生期形成的原生矿物）能明显地反映环境，如海绿石、磷灰石主要形成于浅海环境；石膏、岩盐形成于盐度过饱和的干旱气候环境。

（2）生物标志。不同类别的生物对环境因素的要求是不一样的，因而不同环境中的生物有差别。因此生物组合和生态特征是判别古环境的重要标志。

(3) 沉积构造标志。沉积构造类型复杂多样，实际上皆为不同沉积环境的产物。用其进行沉积相的分析可以与用其进行沉积岩的研究结合进行（表4-4）。

表4-4　沉积构造分类

类别	物理（或机械）成因构造			生物成因构造	化学成因构造
	流动构造	变形构造	其　他		
原生	(1) 层理： 交错层理 波状层理 水平和平行层理 递变层理 均匀层理和复合层理 (2) 表面和底面： 印痕、波痕、冲刷和刻压痕 (3) 剥离线理	负载 球和枕状 旋卷 滑塌 砂岩脉和墙 碟状构造	干　裂 雨　痕 冰雹痕等	(1) 遗迹化石： 足迹 爬痕 潜穴 钻孔 (2) 生物扰动构造； (3) 植物根痕； (4) 生物生长构造	鸟眼构造 晶痕、结核（同生及成岩）
次生					后生结核 迭　锥 缝合线

注：据余素玉等人资料，1991 年。

沉积相分析的野外工作主要包括测制沉积相剖面，系统观察研究沉积岩的成分、结构、构造、古生物组合、古生态特征和遗迹化石等各种成因标志，及古流向和古坡向测量。相剖面的测制程序和方法同一般剖面，在测制中要更加注意相标志的收集，要圈定某些具有指向意义的特殊岩段，将特殊的岩石结构、沉积构造、生物组合及生态特征标记在剖面的明显位置上。相剖面测制后，要根据上述相标志野外初步定相，并与邻近剖面岩相类型进行对比，并对剖面资料进行整理和编制相柱状草图。

第五章　构造的野外观察与描述

褶皱、断层、节理和劈理等基本构造类型和岩体结构的野外观察、描述和分析，是地质工作的一项十分重要的内容。

第一节　褶皱的野外观察与描述

褶皱的野外观察首先是几何学的观察，目的在于查明褶皱的空间形态、展布方向、内部结构及各个要素之间的相互关系，建立褶皱构造的样式，进而推断其形成环境和可能的形成机制。

一、观察要点

1. 褶皱识别

空间上地层的对称重复是确定褶皱的基本方法。应选择和确定标志层，并对其进行追索，以确定剖面上是否存在转折端，平面上是否存在倾伏端或扬起端；在变质岩发育且构造变形较强地区，要注意对沉积岩的原生沉积构造进行研究，以判定岩层是否倒转；利用同一构造期次形成的小褶皱对高一级褶皱进行研究恢复。

2. 褶皱位态

褶皱位态需要轴面和枢纽两个要素确定。在实际工作中如果褶皱出露完整时可用罗盘直接测定其枢纽的倾伏向、倾伏角和轴面的倾向、倾角（借助于记录本）（图 5-1）。如枢纽、轴面为曲线、曲面时，则测量其若干代表性区段产状来说明二者的变化；如褶皱没有完全剥露，则测定其褶轴（或枢纽）、轴迹、轴面三个要素中任何两个，根据赤平投影方法求解未知的要素。

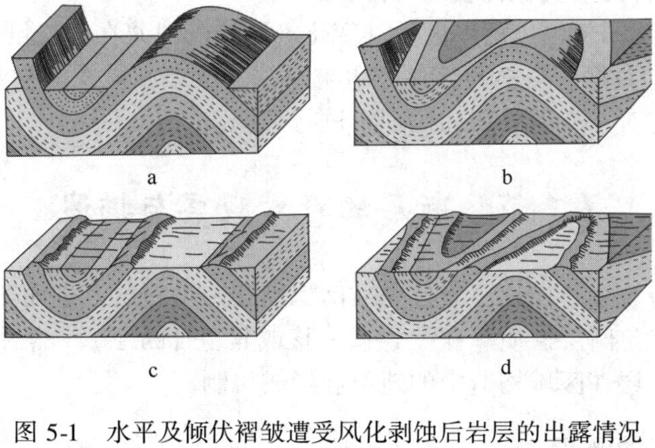

图 5-1　水平及倾伏褶皱遭受风化剥蚀后岩层的出露情况

a—水平褶皱；b—岩层剥蚀后，岩层呈平行对称分布；c—倾伏褶皱；
d—岩层剥蚀后，岩层露头界线呈 V 字形分布

3. 褶皱剖面形态

侧重于枢纽、轴面、转折端形态、翼间角、包络面以及波长、振幅等褶皱要素、参数的观察、测定和描述。

褶皱剖面形态多在正交剖面进行观测和描述，实际工作中会因露头不规则、褶皱本身形态位态的影响而复杂化。应注意对不同位置、不同方位出露的褶皱露头进行综合分析才能得出褶皱的真实形态。

4. 褶皱样式

根据褶皱层的平行性或相似性、褶皱的不连续性及不协调性、褶皱的紧闭性及翼间角的大小、褶皱的对称性、成对的共轭褶皱等特征判断；此外还要考虑卷入褶皱的岩石类型、组成褶皱层的岩石能干性差异等因素对褶皱样式的影响。

5. 褶皱的伴生构造

包括褶皱两翼的小构造（层间擦痕的观测可用于判定相邻岩层相对位移方向和主褶皱转折端位置及类型——水平、倾伏、A 型、B 型褶皱等；翼部从属褶皱的观测可据其不对称类型 S 型或 Z 型、倾伏向来确定其处于大褶皱的位置，并进一步恢复大褶皱总体形态）、褶皱转折端小褶皱（节理、小断层类型、特征及产状要素的观测可用于鉴别其力学性质，利用其组合系统和方位分析转折端的应力应变状态；从属褶皱 M 型或 W 型及其随剖面深度的变化情况；结合地层判断褶皱性质——背斜、向斜；转折端的虚脱现象及被岩浆、矿液充填情况）。

二、观察褶皱程序

（1）定点观察和制图，记录褶皱的地理位置和所处的大褶皱部位。

（2）观察褶皱发育特征及相关地质现象：

1）褶皱核部和两翼的地层及岩性；

2）褶皱两翼、枢纽和轴面等要素的产状；

3）褶皱对称性；

4）褶皱在能干性不同的岩层中发育的差异性；

5）褶皱伴生组合要素及各自表现特征；

6）尽可能收集不同部位岩层厚度及其变化等原始资料并在正交剖面上拍照。

（3）根据收集的数据、资料和信息对褶皱形态、位态、样式等初步进行几何学分析；综合归纳和深入研究对其成因机制和运动学进行解释。

第二节　断层的野外观察与描述

野外对断层进行观察和描述，应首先准确识别和确定断层，进而测定断层层面产状和两盘相对运动，以确定断层性质（正、逆或平移或其组合断层），然后测定分析断层规模和组合关系，分析断层在区域构造中的地位和形成机制。

一、断层面产状的测定

如断层规模不大，断层面比较平直，地形切割强烈且断层线出露良好，可根据断层线的V字形特征来判定断层面的产状。

隐伏断层的产状，主要依据钻孔资料、物探资料确定。

断层伴生和派生的小构造也可作为参考用于判定断层产状，如断层派生的牵引褶皱带、劈理化带，以及定向排列的构造透镜体带等。

注：(1) 这些小构造的产状通常是易变且急变的，应大量测量并进行统计分析以确定代表性的产状；(2) 在确定断层面产状时，要充分考虑到断层产状沿走向、倾向可能发生的变化。

二、断层破碎带的观察

断层构造岩的特征：构造角砾岩及角砾形态和大小、构造磨砾岩即砾石的定向、构造透镜体及排列方式、充填脉和胶结物特征（图5-2）。

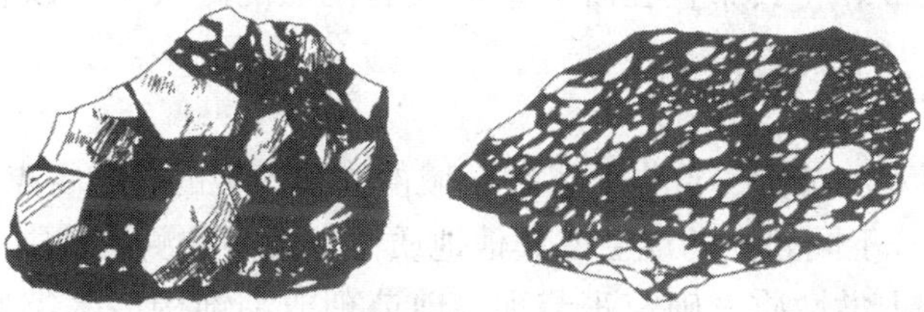

a　　b

图5-2　断层角砾岩（a）和磨砾岩（b）

三、断层两盘相对运动方向的确定

(1) 断层两盘地层的新老关系　分析中注意断层造成的地层重复或缺失。

(2) 牵引构造　牵引构造即断层两盘中紧邻断层面的岩层发生弧形弯曲而形成的牵引褶皱。

(3) 擦痕和阶步　断层面上擦痕及方向、阶步类型及其与擦痕关系。分析中注意多次构造运动造成早期形成擦痕的破坏和后期形成擦痕的叠加。

(4) 羽状节理　羽状节理与主断层所交锐角指示节理所在盘的运动方向。

(5) 断层两侧小褶皱　断层两盘错动常常使两侧岩层形成复杂紧闭小褶皱，其轴面与主断层常成小角度相交，所交锐角指示对盘的相对运动方向。

(6) 断层角砾岩　根据标志层所形成的角砾分布或断层角砾的规律性排列确定。

四、断层性质的分析和确定

根据断层层面产状和两盘相对运动，确定断层的性质。

五、断层规模的分析和确定

在研究断层时，应注意查明断层和测定断层的规模，既要追索断层延伸的长度，也要尽可能查明其顺倾向延伸的深度；根据标志层对比测定断距，测定并描述可能出现的揉褶带、密集节理-劈理带等构造强化现象；进而根据资料分析并确定断层活动的时代及断层各世代的强度和性质（断层期次的划分）。

第三节　节理的野外观察与描述

节理是野外常见的构造类型。节理的期次、性质、产状、组合、发育程度和分布规律与褶皱、断层乃至区域构造等有着密切的成因联系。对其详细研究有助于对某一地区各类地质事件深入分析和了解。

一、野外观察区段的选择与布置

在野外地质调查或地质填图过程中，一般根据专题研究和要解决的问题来选择布置观察区段（点）。每一观察区段（点）的范围视节理的发育情况而定，一般要求几十条以上节理可供观测，而且最好将其布置在既有平面又有剖面的露头上，以利于全面研究解析。

二、观察研究的内容

（1）在任何地段观测节理，首先要了解区域褶皱、断裂的分布特点以及观察区段（点）所处的构造部位，区分不同岩性的地层或其他地质体，观察和测量其中不同性质的节理。

（2）区分节理的力学性质来确定张节理、剪节理或羽饰构造等类型。一般是根据节理特点(如产状变化、光滑程度、充填情况)、组合形式以及尾端变化(如分叉、折尾、马尾状)诸方面因素来综合确定。对共轭节理可以利用赤平投影方法求解主应力方位 σ_1、σ_2、σ_3。

（3）节理若被脉体充填，调查时要尽量收集脉体产状、规模、形态、间隔、充填矿物的成分及其生长方向等资料；根据节理或脉体特性进行分组；以及它们之间的交切、互切、限制、追踪和矿物生长方向来分期配套以确定形成的先后顺序。制作素描图或拍照示出其形态和相互关系。

（4）在选定地点内对所有节理产状进行系统测量。测定方法和岩层产状要素测定的方法类同。为特殊目的需要，如为确定某一组节理与褶皱的关系，尚要测定节理与层理、共轭节理等交线产状，以判别褶皱几何形态。

（5）注意观测缝合线构造。此种构造可与层面平行、斜交或直交，它们一般与主压应力方向垂直，在一定程度上有助于分析区域应力场。

三、节理观察资料的整理与解析

在各观察区段（点）所获得的节理数据、资料等信息要及时在野外基地或室内进行整理、统计、存储和制图。视解决的问题而制作的相关图件有数种，若了解节理或与之相关的脉体发育情况时常编绘节理玫瑰花图、节理极点图等；若为分析节理与构造应变关系则可绘制节理应变场状态图等。

第四节　劈理的野外观察与描述

在岩石强烈变形和变质岩出露区进行野外工作时，对劈理的观察和研究，除大量测量各种劈理的产状要素并均匀地标绘在相应的地质图或构造图上之外，在露头良好的地区还要对劈理作深入的观测。工作中要注意：

（1）正确区别原生面理和次生面理　区分劈理和层理，在强变形变质岩石中，劈理的发育常常把层理掩蔽。

区分层理和劈理：

1）观察所观察到的平行面状构造是否存在原生沉积标志，如粒序层、交错层、波痕等，尤其是具有特殊岩性或结构构造的标志层；

2）通过较大范围的追索和填图，查明二者之间的几何关系和空间展布规律。

注：通常采用劈理和层理之间的夹角关系来判断沉积岩层层序是正常还是倒转的关系时，应与其他原生沉积构造标志的判断相结合，否则可能会得到与实际情况相反的结论。

（2）精细观察劈理的结构及其几何形态特征　鉴别和分析劈理域和微劈石的岩石矿物成分、化学成分及其相互关系，以区分劈理的类型。

（3）观察劈理与岩性之间的关系　逐层测量劈理与层理之间的夹角，以确定劈理的折射等现象（劈理折射、正扇形和反扇形，如图5-3所示），进而观测劈理发育特点与岩石间的黏性或能干性差异的关系。

（4）确定劈理化岩石的应变状态　寻找劈理化岩石中的各种应变测量标志，如压力影、变形化石、S—C面理等，进行劈理化岩石的有限应变和增量应变及应变状态的测量和分析，以了解变形岩石中劈理发育特征与岩石应变状态之间的关系。

（5）确定各种劈理之间相对发育次序　建立劈理发展演化序列，即劈理形成的先后次序。

（6）观察劈理与其他构造的共生关系　在变形强烈的地区，各种劈理的发育往往与更大规模的褶皱、断层和韧性剪切带有关，详细观测并记录其共生关系，研究劈理的形成和发展过程。

（7）观察劈理与岩石类型和变质条件之间的关系　劈理的发育状况及其形成机制，在不同类型和变质条件下是各不相同的。对劈理与岩石类型和变质条件关系的观测，有助于了解劈理的形成过程及成因，也有利于解释劈理所代表的构造物理学意义。

（8）采集定向标本　室内深入研究劈理的物质组成、微观结构构造特征及其变形、变质作用特点。

图5-3　劈理折射现象

第六章 野外记录的方法及要求

一、记录格式

野外记录本由横格纸和方格纸两部分组成。横格纸是专供文字描述、记录用的，方格厘米纸是专绘素描图、信手剖面图和其他示意图用的，两者不能混用。

观察点的一般格式如下：

日期、天气情况：

路线：

目的：

内容：

点号：

G—001

点位：

点性：

描述：

（1）日期、天气情况：用文字描述、记录，横格纸的页头上有“日期”、“地点”两项，每天出野外工作时都要及时填写。

（2）路线与任务：页头之下的第一行写路线及路线编号，说明从何处经过何处到何处，要写得具体清楚。例如：路线Ⅰ：学校—潘家—反虹管—刘家村—学院。另起一行顶头写目的或任务；其后简述当天计划观察的内容。

（3）点号：空一行后在横格纸中位置写点号，并加上矩形框，如 G—001 ，G 是观测点的号头（G 是“观”字汉语拼音第一个字母）。观察点编号：可从 G—001 开始，依次为 G—002，G—003……。

（4）点位之后用1～2 行的文字和数据记录此观测点所处的具体位置。尽可能交代详细所在位置，如在什么山头、什么村庄的什么方位，距离多少米，是在大道旁还是在公路边，是在山坡上还是在沟谷里，是在河谷的凹岸还是在凸岸等。详细程度应以下次观察和后人易于找到为佳。

（5）点性即观测点的性质，要写明是基于什么目的而定这个点的。说明在本观察点着重观察的对象是什么，如观察某一时代的地层及接触关系，观察某种构造现象（如断层、褶皱、节理、劈理、不整合关系等），观察火成岩的特征，观察某种外动力地质现象等。

（6）描述：详细记录观察的现象，这是观察记录的实质部分。首先是此观测点主要地质现象的基本描述，然后是地质现象的补充描述，注意记下所测得的各种观测数据。

不同的观察点观察重点不同，相应的记录内容有所侧重和取舍。

对“地层岩性观察点”，应说明地层名称、代号，基本岩性组合，对重要岩性展开描述，注意有无特殊的成分（如结核）、沉积构造、化石等，并附地层产状和采集标本及编号。

对“构造现象如断层等”，应遵循由大至小，由断层面至断层带，由带内至带旁，由描述至分析的原则。应注意说明断层编号，产出位置（什么地层、构造部位），地貌特征，断层产状及其变化，断层面特征如形态、阶步、擦痕，断层破碎带形态、规模，断层岩特征、角砾及胶结物的特征，两盘地层及产状、旁侧构造，断层性质，断距，多期活动及其相应的证据等。

地质观测点的观察描述的一般顺序是：地层岩性、构造（褶皱、断裂、接触关系）、岩浆岩、矿产、地貌、水文、地质体的产状、标本及编号；必要的素描图、示意图、剖面图、照片及编号等。如果在观测点上需要绘制素描图、信手剖面图时，可在左页（或附页）的方格厘米纸上作图。

沿途描述和路线小结，当一个观测点描述完了后，应该连续观测描述到下一个观测点；当一条路线观测完了之后要认真作出路线小结。这样可以及时地使野外资料得到系统化，使原始记录成为一个有机的整体，而不是一些孤立的地质点的描述。

二、记录举例

日期：2007 年 5 月 10 日　　地点：桂林市灵川县灵田乡反虹管　　天气：晴
路线：桂林理工大学—潘家—反虹管—返回
目的：观察河流的地质作用及其主要产物；
　　观察下石炭统岩关组岩性特征及构造现象。
内容：（1）河流的侧蚀作用、冲积物特征及河漫滩地貌；
　　（2）漓江一级阶地上的二元结构；
　　（3）下石炭统岩关组岩性特征及其构造现象。

G—001

点位：洲尾村北岸泻洪渠与漓江交汇处。
点性：漓江河谷一级阶地的二元结构。
描述：

本点出露一比较完整的河谷阶地剖面。阶地由河流冲积物构成，属一级堆积阶地。阶面较平坦，出露阶地剖面高约 3.5m，可见明显的二元结构现象，上部为河漫滩相，厚 0.5 ~ 1m，主要由细砂和黏土组成；下部为河床相，厚 2.5 ~ 3m，为砾石和粗砂。砾石磨圆度、分选性均较好，且由上到下粒度略增，一般大小为 3 ~ 10cm。砾石扁平面微向河床倾斜，局部呈叠瓦式排列。

附：漓江河谷阶地的二元结构剖面示意图。

G—002

点位：刘家村南渡口
点性：（1）下石炭统岩关组（C_1y）岩性；
　　（2）构造现象。
描述：

（1）岩关组（C_1y）岩性特征：为深灰色薄层状泥质灰岩和泥晶灰岩，泥质灰岩风化后呈黄灰色，其产状为 68°∠45°。

（2）构造现象：灰岩中有两组方解石脉发育。一组沿岩石层理发育，呈白色薄膜状，脉幅 0.3～1cm，其上可见擦痕和阶步，由擦痕和阶步特征可判断该处岩层曾发生逆向滑动。

另一组为穿层陡倾斜脉体，具雁形排列，单脉呈白色，透镜状，产状以 305°∠65°为主，脉幅 0.2～0.5cm 不等。

由陡倾斜方解石脉切穿顺层方解石脉的现象，可能判断后者形成较早，前者形成较晚。

野外记录本是地质工作者记录野外地质现象、数据，描述观测情况的技术资料专用本，要注意妥善保管，还要注意安全保密，不能丢失。另外，野外记录本不是杂记本，不能在上面乱涂乱画，更不能撕页，使用完后上交科技档案室作技术资料保存。

第二篇　实习区地质概况

第七章　桂林实习基地地质概况

第一节　桂林地理概况

一、地理位置

桂林市是世界著名的风景游览城市和历史文化名城，地处湘桂走廊南端，东经109°36′至111°29′、北纬24°15′至26°23′，平均海拔150m，北、东北面与湖南省交界，西、西南面与柳州地区相连，南、东南面与梧州市、贺州市相连，毗邻广东省。总面积约2.78万km^2，其中城区面积565km^2。市辖秀峰、象山、七星、叠彩、雁山五城区和灵川、兴安、全州、临桂、阳朔、平乐、荔浦、龙胜、永福、恭城、资源、灌阳十二县。

二、人文地理概况

桂林历史悠久。市区宝积山和甑皮岩洞穴发现多种距今约一万年前的人类遗物。公元前214年，秦始皇开凿灵渠沟通湘漓水系，置桂林、象郡、南海三郡，这是“桂林”名称的最早起源，但郡治不在今天的桂林市。两千多年来，桂林先后成为郡、州、府、县治的所在地。1940年始设桂林市，曾长期为广西首府。新中国成立后，桂林为省辖市。1998年9月8日，经国务院批准，桂林市和桂林地区合并，组建成新的桂林市。

桂林市总人口476万，其中市区人口64万。人口密度为每平方公里171人。桂林是一个多民族地区，有少数民族68万人，占总人口的14%。除汉族外，共有36个少数民族，主要有壮、瑶、回、苗、侗等民族。

三、自然地理概况

桂林市地处南岭山系的西南部，平均海拔150m，为典型岩溶地貌。岩溶峰林地貌是桂林重要旅游资源。

桂林地处低纬，属中亚热带季风气候。境内气候温和，雨量充沛，无霜期长，光照充足，热量丰富，冬短夏长，四季分明且雨热基本同季，气候条件十分优越。年平均气温为19℃左右。8月最热，月平均气温为23℃，1月最冷，月平均气温15.6℃。年平均无霜期309天，年平均降雨量1949.5mm。平均蒸发量1490～1905mm。年平均相对湿度为

73% ~79%。全年风向以偏北风为主，平均风速为 2.2 ~ 2.7m/s。年平均日照时数为 1670h。平均气压为 994.9hPa。

桂林地处南岭山系的西南部，属红壤土带，以红壤为主，酸碱度为 4.5 ~6.5。依其成土的母质可分为红壤土、石灰土、紫色土、冲积土、水稻土 5 个土类，14 个亚类，36 个土属，89 个品种。河流冲积母质砂壤土和水稻土，土层深厚，耕作性良好，是水稻和蔬菜高产区。中色石灰土和黑色石灰土，宜旱地作物和林业生产。

四、经济地理概况

1. 水文资源

桂林境内河流密布，有漓江、湘江、洛青江、浔江、资江 5 条江，另有集雨面积在 $100km^2$以上的支流 65 条，全市多年平均总水量为 403.81 亿 m^3，河流落差大，水利资源丰富。

水能理论蕴藏量约270 万 kW，可开发量为 107 万 kW，开发潜力巨大，已建成亚洲第一座超千米高水头电站——全州天湖水电站等一批水电站。

2. 旅游资源

桂林旅游资源丰富，其特点和优势明显，表现在：

（1）山川秀丽独特。典型的岩溶地貌赋予桂林“山青、水秀、洞奇、石美”的山水风光，素有“甲天下”的盛誉。

（2）自然资源和人文资源浑然一体。有各具特色的漓江、芦笛岩、尧山等桂林市景区和以花坪、秦堤、灵渠、猫儿山青狮潭水库为主的外环景区。漓江景区已被列为国家级风景名胜区，兴安灵渠被列为国家重点文物保护单位。

（3）城市与景区交融，推窗、出门就能见景，且景观分布适当，旅游可达性好。

（4）景观分布的空间层次多，且各具特色，便于多种旅游线路的组合与分期分区开发。

（5）多数景区有城镇做依托，部分景区已有一定的开展基础，适宜开展多功能、多层次、多种形式的旅游活动，增加可游性。

3. 动植物资源

（1）动物资源：桂林市的动物种类繁多，有1593 种，隶属60 目295 科。陆栖脊椎动物有400 多种，其中有云豹、黄腹角稚、穿山甲、果子狸等；水生物有 144 种，有珍贵的娃娃鱼、鳗鲡等。

（2）植物资源：全市有高等植物1000 多种，包括银杉、银杏等名贵树种；自然植被以马尾松为主，市区以桂花树为主，桂花是桂林市的市花。林业主产杉木和毛竹，全市森林面积 121.56 万 hm^2，森林储蓄量 3774.42 万 m^3，每年可提供木材 40 余万 m^3、毛竹 1600 多万根。

4. 土特产品

桂林有很多名产，沙田柚果大形美，肉质清香，驰名中外；夏橙品质优良，色鲜味美，且成熟早，很畅销；罗汉果乃“医疗保健之良药，清凉饮料之佳品”，被誉为“东方神果”；白果产量大，占全国的三分之一，质量居全国之首；月柿色泽金黄，肉甜味香，畅销澳、港和东南亚地区；荔浦芋个大味香，享誉京城；三花酒、辣椒酱、豆腐乳被誉为

"桂林三宝"；桂林米粉配料芳香，味道鲜美，尤以冬季上市的马肉米粉最受称赞；此外还有马蹄、荷花鱼、腐竹等名优土特产。

第二节　地　　层

区内地层出露较全，由中元古界四堡群—第四纪均有分布，其中以上古生界为主，次为下古生界和中上元古界。上古生界又以泥盆系分布面积最广，次为下石炭统。下古生界以寒武系、奥陶系为主（表7-1、图7-1、图7-2（见彩页第63页））。

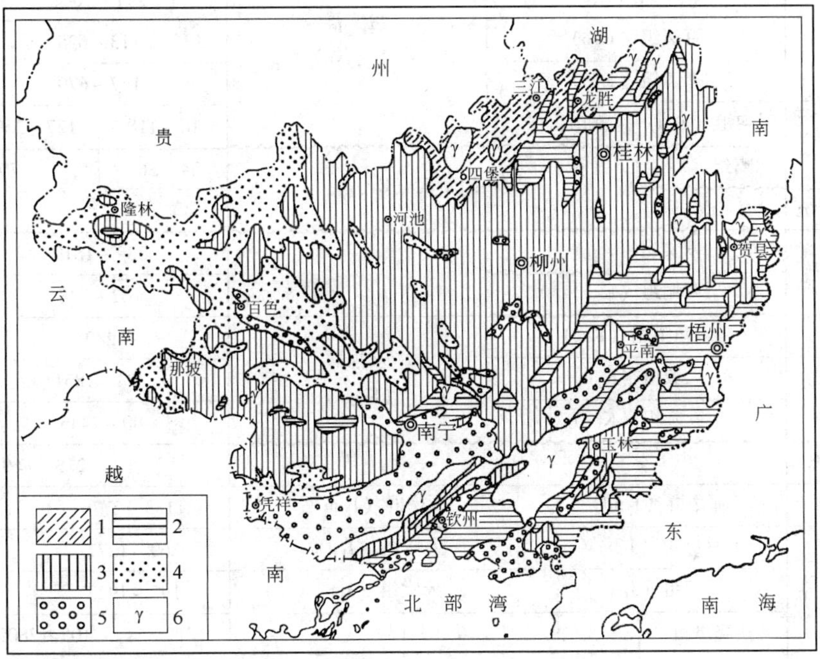

图7-1　广西地层分布略图

1—中-上元古界四堡群、丹洲群、震旦系；2—下古生界；3—上古生界；4—下-中三叠统；5—上三叠统-第四系；6—主要花岗岩体

现对地层系统由老至新简述如下：

（1）前寒武系（An∈）　包括中古生界四堡群和上元古界丹洲群、震旦系，主要为浅变质相碎屑岩夹碳酸盐岩，分布于西北部的龙胜—资源一带。

（2）寒武系（∈）　主要为海相碎屑岩，间夹少量碳酸盐岩。由于区域变质的影响，岩石受轻度变质，主要分布于西部、西北部的溶江—资源一带，厚度巨大，达数千米。

（3）奥陶系（O）　为海相碎屑岩，底部见碳酸盐岩，页岩中产笔石及腕足类，主要分布于西部、西北部的溶江—资源一带，厚度超过千米。

（4）泥盆系（D）　出露完整，分布广泛，分下、中、上三个统。与下伏地层为角度不整合接触。

表 7-1　广西地层系统简表

界	系	统	统（群）、阶（组）、段及符号			厚度/m		
新生界	第四系	全新统（Q_h）				2~43		
新生界	第四系	更新统（Q_p）				0~46		
新生界	第三系	上新-中新统　南康群（Nnn）				47~378		
新生界	第三系	渐新统	建都岭组（E_3j）		邕宁群（$E_{2+3}yn$）	128~708		100~1490
新生界	第三系	渐新统	伏平组（E_3f）		邕宁群（$E_{2+3}yn$）	291~1001		100~1490
新生界	第三系	始新统	百岗组（E_2b）		邕宁群（$E_{2+3}yn$）	113~625		100~1490
新生界	第三系	始新统	那读组（E_2n）		邕宁群（$E_{2+3}yn$）	167~679		100~1490
新生界	第三系	始新统	洞均组（E_2d）	凤凰山组（E_2f）	邕宁群（$E_{2+3}yn$）	16~118	127~350	100~1490
新生界	第三系	始新统	六嘴组（E_2l）	古新-始新统（E_{1-2}）		34~367	70~2485	
新生界	第三系	古新统		古新-始新统（E_{1-2}）			70~2485	
中生界	白垩系	上统	罗文组（K_2l）		永福群（K_1yn）	339~1819		
中生界	白垩系	上统	西垌组（K_2x）		永福群（K_1yn）	102~738		
中生界	白垩系	下统	双鱼嘴组（K_1s）		永福群（K_1yn）	280		311~1271
中生界	白垩系	下统	大坡组（K_1d）		永福群（K_1yn）	273~1851		311~1271
中生界	白垩系	下统	新隆组（K_1x）		永福群（K_1yn）	80~2445		311~1271
中生界	侏罗系	上统	J_3			213~869		
中生界	侏罗系	中统	那荡群（J_2nd）	石梯群（J_2sh）		1133~2776	112~522	
中生界	侏罗系	下统	百姓组（J_1b）	大岭组（J_1d）		269~1277	85~915	
中生界	侏罗系	下统	汪门组（J_1w）	天堂组（J_1t）		192~1923	22~572	
中生界	三叠系	上统	扶隆坳组（T_3f）	上段（T_3f^2）		105~2809		
中生界	三叠系	上统	扶隆坳组（T_3f）	下段（T_3f^1）		320~1743		
中生界	三叠系	上统	平垌组（T_3p）			210~3114		
中生界	三叠系	中统	河口组（T_2h）	上段（T_2h^2）		>399~1919		
中生界	三叠系	中统	河口组（T_2h）	下段（T_2h^1）		395~1253		
中生界	三叠系	中统	果化组（T_2g）	百逢组（T_2b）	上段（T_2b^2）	1057~1395	300~2280	
中生界	三叠系	中统	果化组（T_2g）	百逢组（T_2b）	下段（T_2b^1）	1057~1395	626~4204	
中生界	三叠系	下统	北泗组（T_1b）	罗楼群（T_1ll）		37~659	37~2042	
中生界	三叠系	下统	马脚岭组（T_1m）	罗楼群（T_1ll）		10~749	37~2042	
上古生界	二叠系	上统	长兴组（P_2c）	大隆组（P_2d）	上统（P_2）	20~103	10~1140	0~5044
上古生界	二叠系	上统	合山组（P_2h）	龙潭组（P_2l）	上统（P_2）	0~543	400~588	0~5044
上古生界	二叠系	下统	茅口阶（P_1m）	孤峰组（P_1g）	下统（P_1）	0~932	54~214	385~2120
上古生界	二叠系	下统	栖霞阶（P_1q）		下统（P_1）	15~688		385~2120

续表 7-1

界	系	统	地层单位：统（群）、阶（组）、段及符号						厚度/m					
上古生界	石炭系	上统	马平群（C_3mp）			壶天群（C_{2+3}）			32 ~ 1679			90 ~ 392		
		中统	黄龙组（C_2h）		中统（C_2）				60 ~ 790	24 ~ 300				
			大埔组（C_2d）						23 ~ 704					
		下统	大塘阶（C_1d）	罗城段（C_1d^3）	大塘阶（C_1d）				85 ~ 384	29 ~ 893				
				寺门段（C_1d^2）					38 ~ 500					
				黄金段（C_1d^1）					290 ~ 1103					
			岩关阶（C_1y）	英塘段（C_1y^4）	岩石阶（C_1y）				119 ~ 1015	0 ~ 486				
				尧云岭段（C_1y^3）					53 ~ 166					
				英沟垌段（C_1y^2）					49 ~ 242					
				马垌段（C_1y^1）					10 ~ 92					
	泥盆系	上统	五指山组（D_3w）		融县组（D_3r）				76 ~ 182	300 ~ 1800				
			榴江组（D_3l）						83 ~ 197					
		中统	罗富组（D_2l）	东岗岭组（D_2d）				小董群（D_2xd）	167 ~ 658	30 ~ 1037				>656
			纳标组（D_2n）	北流组（D_2b）	应堂组（D_2i）	信都组（D_2x）			146 ~ 471	52 ~ 800	18 ~ 180	49 ~ 865		
					四排组（D_2s）						40 ~ 800			
		下统	塘丁组（D_1t）	莫丁组（D_1m）	黄猄山组（D_1h）	二塘组（D_1e）	贺县组（D_1hx）	钦州群（D_1qn）	175 ~ 403	20 ~ 224	50 ~ 410	170 ~ 600	48 ~ 440	515 ~ 825
			益兰组（D_1yl）	郁江组（D_1y）			石桥组（D_1s）		103 ~ 150	95 ~ 618			177 ~ 1292	
				那高岭组（D_1n）					32 ~ 374					
				莲花山组（D_1l）					210 ~ 1482					
下古生界	志留系	上统		防城群（S_3fn）						183 ~ 1593				
		中统		合浦群（S_2hp）						120 ~ 670				
		下统		灵山群（S_1ln）	上组（S_1ln^c）					180 ~ 3653				
					中组（S_1ln^b）					108 ~ 1393				
			田林口组（S_1t）		下组（S_1ln^a）				>370	132 ~ 2071				
	奥陶系	上统	O_3						>673 ~ 1304					
		中统	O_2						298 ~ >478					
		下统	升坪组（O_1s）						276 ~ 731					
			黄隘组（O_1h）						327 ~ 3962					
			白洞组（O_1b）	六陈组（O_1l）					15 ~ 120	626 ~ 930				

续表 7-1

<table>
<tr><th colspan="8">地层单位</th><th colspan="4" rowspan="2">厚度/m</th></tr>
<tr><th>界</th><th>系</th><th colspan="6">统（群）、阶（组）、段及符号</th></tr>
<tr><td rowspan="7">下古生界</td><td rowspan="7">寒武系</td><td rowspan="3">上统</td><td>凤山阶（Є$_3$f）</td><td rowspan="3">三都组（Є$_3$s）</td><td rowspan="5">边溪组（Єb）</td><td rowspan="3">黄洞口组</td><td>上段（Єh^3）</td><td>500</td><td rowspan="3">1020～2095</td><td rowspan="5">638～1220</td><td>100～1669</td></tr>
<tr><td></td><td>中段（Єh^2）</td><td></td><td>400～1940</td></tr>
<tr><td>崮山阶（Є$_3$g）</td><td>下段（Єh^1）</td><td>671</td><td>402～1428</td></tr>
<tr><td rowspan="2">中统</td><td>张夏阶（Є$_2$z）</td><td rowspan="4"></td><td colspan="2" rowspan="3">小内冲组（Єx）</td><td>2800</td><td rowspan="4"></td><td rowspan="3">319～1780</td></tr>
<tr><td>徐庄阶（Є$_2$x）</td><td>>4000</td></tr>
<tr><td rowspan="2">下统</td><td rowspan="2"></td><td rowspan="2">清溪组（Єq）</td><td rowspan="2"></td><td rowspan="2">391～1937</td></tr>
<tr><td colspan="2">培地组（Єp）</td><td>>1301</td></tr>
<tr><td rowspan="10">上元古界</td><td rowspan="5">震旦系</td><td rowspan="2">上统</td><td colspan="3">老堡组（Z$_2$l）</td><td rowspan="2">下龙组</td><td>上段（Z$_2$x^2）</td><td colspan="3">25～228</td><td>32</td></tr>
<tr><td colspan="3">陡山沱组（Z$_2$d）</td><td>下段（Z$_2$x^1）</td><td colspan="3">27～157</td><td>60</td></tr>
<tr><td rowspan="3">下统</td><td colspan="5">南沱组（Z$_1$n）</td><td colspan="4">50～1413</td></tr>
<tr><td colspan="3">富禄组 Z$_1$f</td><td colspan="2">鹰阳关组（Z$_1$y）</td><td colspan="3">80～875</td><td>2090</td></tr>
<tr><td colspan="5">长安组（Z$_1$c）</td><td colspan="4">125～2186</td></tr>
<tr><td rowspan="8"></td><td rowspan="5">丹洲群</td><td colspan="5">拱洞组（Pt$_3$dng）</td><td colspan="4">384～1793</td></tr>
<tr><td colspan="2" rowspan="2">合桐组（Pt$_3$dnh）</td><td colspan="3">上段（Pt$_3$dnh^2）</td><td colspan="4">247～1453</td></tr>
<tr><td colspan="3">下段（Pt$_3$dnh^1）</td><td colspan="4">61～555</td></tr>
<tr><td colspan="2" rowspan="2">白竹组（Pt$_2$dnb）</td><td colspan="3">上段（Pt$_3$dnb^2）</td><td colspan="4">39～410</td></tr>
<tr><td colspan="3">下段（Pt$_3$dnb^1）</td><td colspan="4">237～569</td></tr>
<tr><td rowspan="3">中元古界</td><td rowspan="3">四堡群</td><td colspan="5">鱼西组（Pt$_2$sby）</td><td colspan="3" rowspan="3">>704～2181</td><td>>1500</td></tr>
<tr><td colspan="5">文通组（Pt$_2$sbw）</td><td>600～1200</td></tr>
<tr><td colspan="5">九小组（Pt$_2$sbj）</td><td>>3000</td></tr>
</table>

注：——整合；----平行不整合；～～～角度不整合；……接触关系不明。

1）下泥盆统（D$_1$）　分布广泛，兴安—灵川—阳朔一带均有出露，为滨-浅海相碎屑岩，产鱼类、双壳类及腕足类化石。局部夹鲕状赤铁矿层。分上、下二组，厚度 500～1000m。

2）中泥盆统（D$_2$）　广泛分布，兴安—灵川—阳朔一带均有出露。分上、下二组：

下部称信都组（D$_2$x），滨-浅海相碎屑岩，主要岩性为紫红色砂岩和泥岩，向上部颜色变浅，为灰绿、灰黄色。产双壳类、腕足类及鱼类碎片。局部夹鲕状、豆状赤铁矿层，厚度 280～500m。

上部称东岗岭组（D$_2$d），浅海相碳酸盐岩，主要岩性为灰色厚层-块状灰岩、白云岩、白云质灰岩。常见腕足类、层孔虫、珊瑚化石。此期岩相分异明显，局部可出现较深海水条件下的硅质、泥灰质沉积。厚度 60～500m。

3）上泥盆统（D$_3$）　分布范围很广，兴安—灵川—阳朔一带均有出露。分浅水型和深水型两套沉积地层；表明此期沉积受古构造的控制形成两类同期异相的沉积。

①浅水型（碳酸岩台地沉积），分下部桂林组（D$_3$g）及上部融县组（D$_3$r），桂林组岩性为深灰色中厚层状灰岩，以盛产枝状层孔虫为特征，厚度 200m；融县组岩性为灰白色块状灰岩、鲕状灰岩，化石罕见，以岩性质纯、色浅、不显层理，并常见鸟眼构造为特征。厚度大于 400m。

②深水型（台地边缘或台沟沉积），分下部榴江组（D$_3$l）及上部五指山组（D$_3$w）（亦有称三里组（D$_3$s））；榴江组（D$_3$l）以硅质岩和硅质页岩为特征，产丰富的竹节石化

石；五指山组（D_3w）以扁豆状灰岩为特征。深水型的上泥盆统厚度仅为浅水型的几分之一。总厚度小于400m。

（5）下石炭统（C_1）　区内分布于中部地带，分下部岩关组（C_1y）及上部大塘组（C_1d）。

岩关期由于继承了晚泥盆世的沉积环境、古地理、古构造，因而亦分为浅水型和深水型两套同期异相的沉积。

1）浅水型　岩关组为一套灰至深灰色灰岩、白云岩，间夹富含海百合茎的泥灰岩。产珊瑚及腕足类化石。厚度468m。

2）深水型　岩关组为一套灰黑色页岩、硅质岩、纹层状泥灰岩。产菊石、海百合、双壳类等。地貌特征为土丘。厚度200m。

大塘组在桂林附近为一套浅海相碳酸盐岩，岩性以深灰-黑灰色中至厚层状灰岩夹薄层泥灰岩为主，局部夹硅质岩及白云岩、常见腕足类化石。厚度大于300m。在兴安以北上部夹劣质煤层，出现了短暂的海陆交互环境。

（6）白垩系（K）　区内零星分布，主要见于奇峰镇和永福一带，为陆相地层，岩性以紫红色砾岩、泥岩及灰白色长石石英砂岩为主。厚度大于200m。与下石炭统为角度不整合接触。

（7）第四系（Q）　分布广泛，为冲积、洪积、残积、坡积及洞穴堆积成因的最新地层，与下伏地层为角度不整合接触。可为分下部更新统和上部全新统。

1）更新统（Q^p）　冲积层，零星分布于河流两侧的二、三级阶地上，高出水面15～30m，多为基座阶地及堆积阶地，堆积物具二元结构：下部为河床相砾石层、砂砾石层、砾石成分复杂；上部为河漫滩相含砾亚黏土、亚砂土，厚度大于16m。残积—坡积层：分布于山麓、丘陵及陇岗地带，为红色、杂色或灰白色砂、砾、亚黏土及黏土；厚度5～15m。洞穴堆积：分布于溶洞中，底部为砾岩、含砾亚砂土，中部为砂质黏土、含砾亚黏土或砂，上部为石灰华盖板；产哺乳类化石（剑齿象、大熊猫等）。厚度1～5m。

2）全新统（Q^h）　分布于现代河床、河漫滩、一级阶地、溶洞及岩溶洼地。其中以河流冲积层较发育，具二元结构，下部为大小混杂，不稳定的泥炭层。厚度3～7m。

第三节　构　　造

广西地处滨太平洋与特提斯-喜马拉雅两大构造域的复合部位，华南加里东褶皱系的西南端。西北部与杨子准地台在早古生代具有过渡性质。加里东运动后，由地槽转化为地台，并与杨子准地台连成一体。自晚三叠世以来，成为滨太平洋大陆边缘活动带的组成部分。

从区域构造分区上看（图7-3、表7-2），实习区主要属于华南准地台上的桂中-桂东台陷带内的桂东北凹陷区之桂林弧形断褶带。

桂林弧形断褶带位于兴安、桂林、阳朔一带，呈一向西突出的南北向弧形构造带。弧形构造带由泥盆系、石炭系盖层组成，局部出露早古生代褶皱基底。弧形构造带中次级线状背、向斜相间排列，轴面直立或歪斜，多呈拱状，部分为尖棱状或箱状。岩层倾角20°～50°。与褶皱伴生的纵向逆断层较发育，断面多向西倾，倾角30°～50°。

实习区地史上经历了加里东运动、印支运动、燕山运动及喜山运动，各次运动均使其上下两构造层间存在角度不整合。褶皱构造及断裂构造在区内较发育。

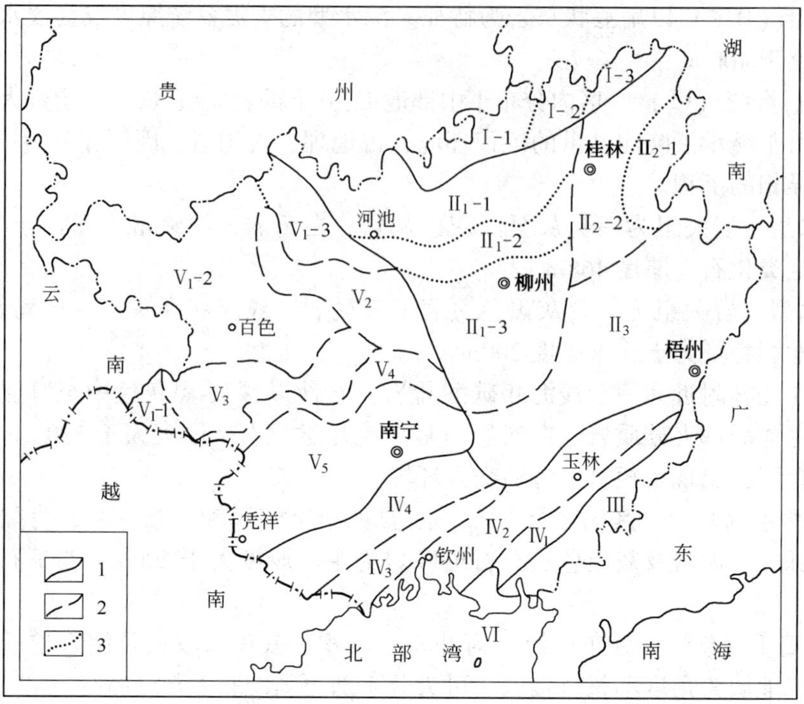

图 7-3　广西构造分区示意图

1—二级构造单元界线；2—三级构造单元界线；3—四级构造单元界线

表 7-2　广西构造单位划分表

一　级	二　级	三　级	四　级
南华准地台	桂北台隆（Ⅰ）		九万大山穹褶带（Ⅰ-1）
			龙胜褶断带（Ⅰ-2）
			越城岭断褶带（Ⅰ-3）
	桂中-桂东台陷（Ⅱ）	桂中凹陷（Ⅱ$_1$）	罗城褶断带（Ⅱ$_1$-1）
			宜山弧形断褶带（Ⅱ$_1$-2）
			来宾断褶带（Ⅱ$_1$-3）
		桂东北凹陷（Ⅱ$_2$）	海洋山断褶带（Ⅱ$_2$-1）
			桂林弧形断褶带（Ⅱ$_2$-2）
		大瑶山凸起（Ⅱ$_3$）	
	云开台隆（Ⅲ）		
	钦州残余地槽（Ⅳ）	博白拗陷（Ⅳ$_1$）	
		六万大山隆起（Ⅳ$_2$）	
		钦州拗陷（Ⅳ$_3$）	
		十万大山断陷（Ⅳ$_4$）	
	右江再生地槽（Ⅴ）	桂西拗陷（Ⅴ$_1$）	那坡褶断带（Ⅴ$_1$-1）
			西林-百色断褶带（Ⅴ$_1$-2）
			南丹断褶带（Ⅴ$_1$-3）
		都阳山隆起（Ⅴ$_2$）	
		靖西-田东隆起（Ⅴ$_3$）	
		下雷-灵马拗陷（Ⅴ$_4$）	
		西大明山隆起（Ⅴ$_5$）	
	北部湾拗陷（Ⅵ）		

一、褶皱构造

区内主要表现为兴安-桂林-阳朔复式向斜（图 7-2，见彩页第 63 页），其核部见到最新地层为下石炭统，产状较缓。该复式向斜由多个轴向近南北或近北北东的次一级背斜、向斜组成。复式向斜的周围为多个复式背斜，即东为海洋山复式背斜，南为架桥岭复式背斜，西为 40km 大南山复式背斜，北为苗儿山复式背斜。

桂林市附近可见一系列的小型的背斜和向斜构造。其两翼常为单面山，核部为较平缓的岩层，或被剥蚀为洼地。此外也可见背斜、向斜构造连续相连的地质构造景观。

这些褶皱按形成时期大致分为两部分：一类是寒武系、奥陶系中的紧密褶皱，属加里东期形成；另一类是泥盆系、石炭系中的开阔褶皱，属印支期形成的兴安-桂林-阳朔复式向斜。

二、断裂构造

除寒武系、奥陶系中的加里东期断层外，区内主要的断层多属印支期，且以与岩层走向近一致或小角度斜交的纵断层为主，并发育有规模不大的横断层。区内规模较大的断层（图 7-4），多具有多次活动的特点。

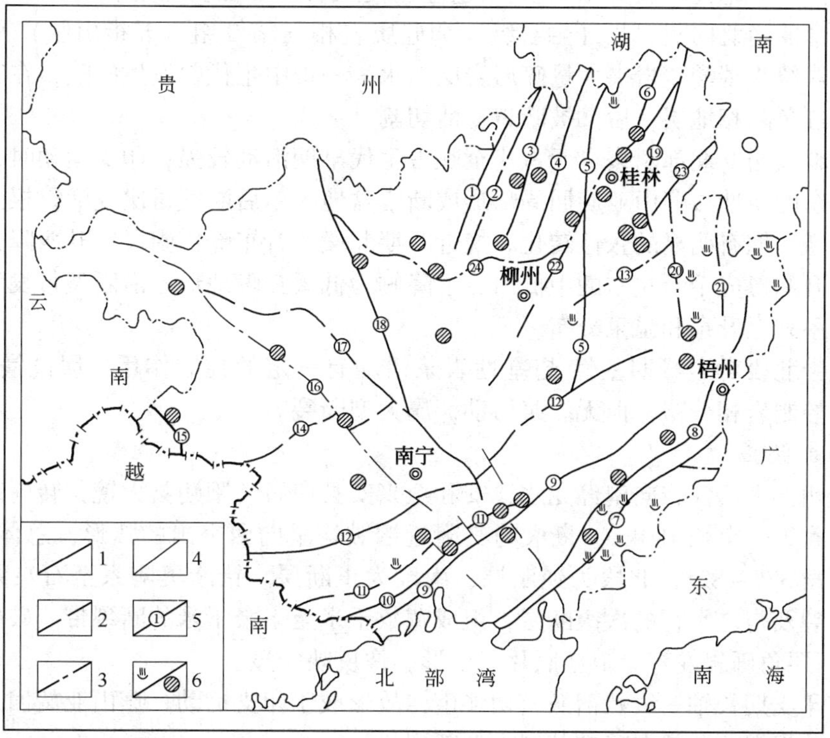

图 7-4　广西主要断裂及其与地震、温泉分布关系略图

1—深断裂；2—隐伏深断裂；3—大断裂；4——一般断裂；5—断裂编号；6—温泉，四级以上地震

实习区出露的主要断层走向为南北向、北北东向和北东向。

南北向断层包括龙胜-永福断裂带⑤、白石断裂⑲；北北东向断层有资源断裂⑥；北东向断层有桂林-来宾断裂带㉒、观音阁断裂带㉓。

1. 龙胜-永福断裂带⑤

南起武宣，向北经象州县桐木、鹿寨县四排、永福和龙胜各族自治县马堤向湖南黔阳一带延展。区内长约260km。是桂北台隆和桂中-桂东台陷区内次级构造单元的分界线。

断裂总体走向近南北。临桂县宛田以北为一条断层，倾向北西西，倾角45°~85°，为西盘上冲的逆冲断层。永福以南断裂成群分布，组成3~10km宽的断裂带，其产状较复杂，主断裂为倾向西的逆断层，附近伴生有一系列向东倾的阶梯状正断层，倾角一般50°~80°。

断裂破碎带宽数米至数百米，武宣县通挽一带具宽数千米的糜棱岩化、片理化带。断裂附近岩层变陡，甚至直立和倒转，向外迅速变缓，显示断裂具压性特点。但有时又有正断层发育，硅化强烈，断层角砾岩常见。象州县桐木一带，主断裂旁侧有大量含多金属矿的重晶石脉分布，显示明显的张性特点。卫星照片上线形影像明显，构成不同地貌分界线。

该断裂在区域布伽重力图上，南、北部有明显的重力陡梯度带，重力值西高东低，但中段永福一带则不大清楚。航磁区域磁场背景也不同，以西为大片平稳负磁场区，以东为变化较大的正异常区。

断裂对岩相、建造控制明显。北段龙胜附近东侧丹洲群中有少量基-超基性侵入岩，西侧却有广泛的中基性海底火山岩及基-超基性侵入岩。临桂县五通、两江一带上泥盆统在东侧有狭窄的南北向灰岩相（融县组）和硅质岩相（榴江组、五指山组）平行主断裂分布，下石炭统为碳酸盐岩夹大量碎屑岩层。永福一带中生代曾发生断陷，在断裂带内沉积早白垩世红色陆相地层，后又被断裂复活切割。

以上资料表明，北部断裂自元古代至晚古生代早期活动较强；印支运动时，伴随褶皱发生自西向东的逆冲。燕山亚旋回局部形成断陷盆地，尔后断裂再次复活。根据伴生断裂特点，断裂带后期有明显的张性转化。挽近时期北段西升东降；南段东升西降，具枢纽断裂性质。上升侧形成千米左右的中低山，下降侧为低矮丘陵地形。沿断裂带发育成条形谷地，并有一系列上升泉和温泉分布。

该断裂带北段对雪峰期基性-超基性岩浆活动有一定的控制作用，属硅镁层深断裂。中段和南段控制岩相分布，但无岩浆活动，属大型断裂。

2. 白石断裂⑲

北起全州县大西江，向南经龙水、安和至兴安县白石、阳朔县大镜，转向南南东达平乐县沙子街附近，全长180km。断裂与其附近褶皱均呈向西突出的弧形，总体走向南北，倾向西，倾角37°~82°，北段为逆断层，南段为正断层。错断奥陶系至石炭系以及下白垩统。主断裂及与之平行的次级断层，组成宽数千米至十余千米的断裂带。破碎带宽数米至200m，断层角砾岩发育。卫星照片上线形影像反映明显。

断裂与印支期长轴一线状褶皱密切伴生，故形成于印支运动。燕山亚旋回又复活，切过下白垩统。根据这些特点确定其属大型断裂。

3. 资源断裂⑥

南自兴安县升坪，往北经资源进入湖南，区内长约60km。

断裂位于猫儿山、越城岭两岩体之间，切割震旦系至白垩系，以及加里东、燕山期花岗岩。断面倾向北西西，倾角30°~45°，为低角度正断层。垂直断距数百米，水平断距2~

3km。断裂带角砾岩、糜棱岩发育，并有大型擦痕出现。地貌上断层崖、断层谷清晰明显。

由于地层出露不全，断裂对岩相的控制情况不明，但长期活动性仍很明显。加里东期越城岭花岗岩体因受其影响，而发生强烈的动力变质现象，近断裂处为花岗糜棱岩，压碎现象向外减弱。压碎片麻岩带宽达数千米。燕山期小花岗岩体及早白垩世盆地皆顺断裂带展布，又被断层复活切割。该断裂属切割硅铝层的深断裂。

4. 桂林-来宾断裂带㉒

西南自来宾县，经柳州、鹿寨、桂林、兴安延至全州附近，长350km。个别地段地表虽未查清，但卫星照片上线形影像的延伸却是很明显的。

断裂走向40°±。有若干平行断裂分布，组成宽数千米的断裂带。东北段主要倾向北西，倾角30°~60°，为逆断层，断距千余米。西南段主要倾向南东，倾角50°±，为正断层或逆断层，断距较小。

该断裂切割寒武系至白垩系，多斜切印支褶皱。沿断裂角砾岩化、硅化、片理化和劈理等发育，局部具牵引褶皱。地貌上多表现为断层谷，东北段构成著名的湘桂狭道，西南段有百余公里的条形谷地。

在区域布伽重力图上，东北段显示出北东向重力高突起；西南段处于北西侧的北东向重力低与东南侧的北西向重力高交接处。

断裂带上有早白垩世盆地断续分布，既见有下白垩统覆盖断裂，又见有被断裂切过的现象。东北段两侧地形高差悬殊。北西侧是中、低山地形，东南侧为低矮的丘陵地形。断裂带上曾发生多次四级左右的地震，震中多位于该断裂与其他断裂交会处。此外，沿断裂第四纪条形谷地发育，上升泉常见。

以上资料表明，断裂形成于燕山亚旋回，后期有不同程度的复活，故属大型断裂。

5. 观音阁断裂带㉓

位于平乐县沙子、恭城县栗木、都庞岭西侧一带，东北延入湖南，广西境内长100km。

断裂走向30°~50°，倾向北西，倾角37°~70°。有多条平行断裂，自东南向北西呈阶梯状下降，构成正断层群，多伴有水平剪切。断距数百米至2km。糜棱岩、角砾岩、硅化带发育。地貌上为断层谷。卫星照片上线形影像明显。

沿断裂出现北东向重力陡梯度带，重力值西北低东南高。在重力垂向二次导数图上为正负异常边界。此外，尚有一系列航磁异常分布。

断裂错断寒武系-侏罗系，同时斜切南北向印支褶皱。白垩纪发育小型断陷盆地，尔后又被断裂复活切割。沿断裂有燕山早期都庞岭花岗岩和大量小岩株分布。东北部湖南道县桥头一带有燕山晚期流纹岩、霏细斑岩、石英斑岩沿之分布。平乐县沙子街附近则有燕山晚期煌斑岩群出露。

以上资料表明，断裂形成于燕山亚旋回，具张-剪性，属硅铝层深断裂。

新构造运动在本区的表现以阶段性上升为主，形成桂林地区的多层溶洞和多级阶地。

第四节　岩　浆　岩

从区域上看，实习区位于桂东北-桂中加里东期、燕山早期花岗岩区（图7-5）。

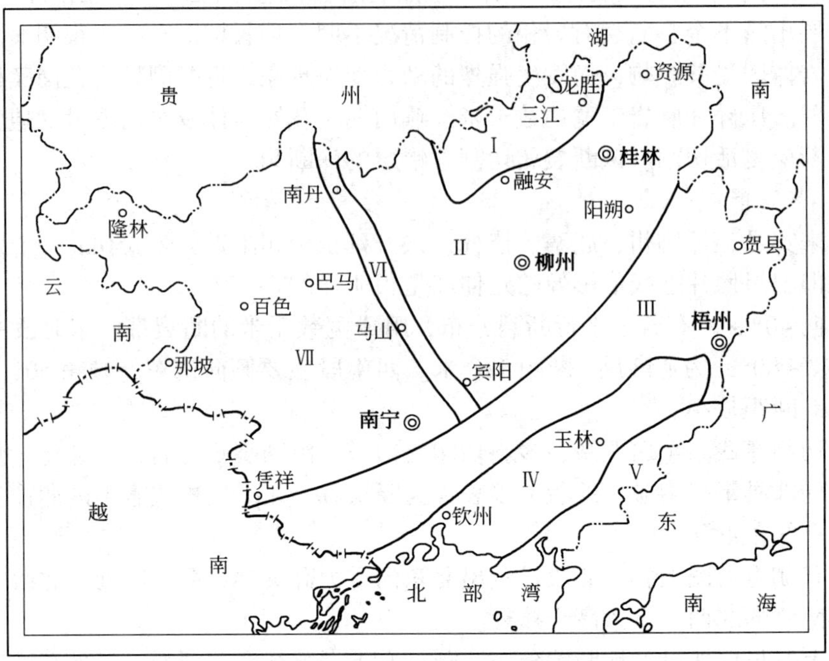

图 7-5　广西构造-岩浆岩区（带）分布图

Ⅰ—桂北四堡-雪峰期超基性岩、基性岩、花岗岩区；Ⅱ—桂东北-桂中加里东期、燕山早期花岗岩区；Ⅲ—桂东-桂南印支期、燕山早期花岗岩带；Ⅳ—桂东南华力西期花岗岩带；Ⅴ—桂东南加里东期、燕山晚期花岗岩带；Ⅵ—南丹-昆仑关印支期、燕山晚期花岗岩带；Ⅶ—桂西、桂西南华力西期、印支期基性岩区

区内岩浆岩主要为加里东期及燕山早期的酸性侵入体。加里东期有越城岭岩体、苗儿山岩体、海洋山岩体和新寨岩体，燕山期有南源洞岩体。其中越城岭和苗儿山花岗岩体为多期侵入体。主岩体以岩基产出，属加里东期。中生代伴随南岭地区广泛的中-酸性岩浆侵入活动，燕山期酸性岩浆以岩株的形式侵入于加里东岩体中，形成复式岩体。

一、越城岭岩体

越城岭岩体分布于实习区北部（图 7-2，见彩页第 63 页），资源县与全州县交界的背脊山、青坪界、定香界一带，呈岩基侵入于早古生代地层形成的复式背斜轴部，长轴为北东方向，与围岩构造线方向基本一致。

岩体在实习区内呈不规则长方形出露，区内面积 309km^2。岩体与围岩的接触线多呈弯曲状，其东部与丹洲群、震旦系、寒武系侵入接触，接触面倾向东南，倾角约 80°；南部与寒武系侵入接触，接触面倾向西或南，倾角 20°～50°；西部与寒武系和泥盆系郁江组为断层接触，断层硅化带宽数十米；东部在图幅之北以外 10km 的龙水一带，与泥盆系郁江组为沉积不整合接触。

岩体岩性变化小。钾长石多为微斜条纹长石。岩石为等粒或似斑状结构、块状构造。同化混染作用强，且形成角岩带等，属中深成相。

岩体按结构和构造可分为中心相、边缘相及片麻状花岗岩带（动力变质带），三者之间为渐变关系。

1. 中心相

中心相是岩体的主要组成部分，以中粒斑状花岗岩为主，次为中粒和粗粒花岗岩。因受后期构造作用影响，局部岩石具压碎结构。

中粒斑状花岗岩（部分为中粒斑状黑云母花岗岩）：灰-灰白色，块状构造，似斑状结构。主要矿物成分有微斜条纹长石 23% ~45%、斜长石 12% ~40%、石英 20% ~40%、黑云母 3% ~7%；副矿物为锆石、磷灰石、金红石、磁铁矿、黄铁矿、榍石。斑晶为钾长石，含量约 5% ~8%，可见卡氏双晶，晶形良好，大小不一，一般为 0.5cm × 1cm ~ 1cm × 2.5cm，个别可达 3cm × 5cm。基质具有中粒花岗结构，基质中斜长石自形最好，黑云母次之，石英呈他形粒状，钾长石呈不规则状围绕斜长石分布。

2. 边缘相

边缘相见于岩体的东北端枫木岭及东南部百水岭一带，分布于岩体的边缘，形成宽窄不等之条带状，一般宽 1 ~ 2km，最宽为 5km。

岩相内部岩性变化不大，结构也较稳定，以细粒斑状结构为主，少数为中细粒及细粒结构。部分地区，黑云母减少而白云母含量增加。

岩石有细粒花岗岩、中细粒花岗岩、细粒斑状花岗岩，以后者为主。部分岩石黑云母含量大于 5%，则称为黑云母花岗岩。

岩石为灰白色、灰色，致密坚硬，块状构造。

主要矿物为钾长石 25% ~50%，斜长石 17% ~36%，石英 24% ~32%，黑云母 2% ~14%；副矿物为石榴石、金红石、电气石、钴石、磁铁矿、褐帘石、榍石。

次生矿物为绿泥石、绢云母、斜黝帘石、白云母、白钛石、绿帘石。

岩石具细粒花岗结构及基质具细粒花岗结构的似斑状结构。斑晶由钾长石、石英、斜长石组成。长石多呈半自形宽板状，边部不规则。石英呈等轴状。斑晶中常有细粒长石、石英包裹体。岩石以斜长石半自形板状晶发育较好，其间分布他形钾长石和等轴状石英；黑云母呈鳞片夹于长英矿物间。

二、苗儿山岩体

苗儿山岩体分布于兴安县和资源县的龙塘岭、猫儿山、神仙岩一带，位于越城岭岩体之西，呈岩基产出。

岩体主要侵入于丹洲群、震旦系及寒武系砂、页岩中，东边与泥盆系为沉积不整合接触。岩体长轴方向与早古生代地层构造线方向一致或小角度斜交（其方向为北东—南西向），侵位于丹洲群、震旦系、寒武系形成的背斜轴部。

岩体在实习区内出露面积 472km²，呈不规则扁圆形。其接触面特点是：

（1）岩体与围岩接触面多倾向围岩，只有个别点倾向岩体，接触面陡，倾角在 50° ~76°。

（2）岩体西北部上茅竹山一带，较低地带出现南北延长的数平方公里之围岩残留顶盖，这说明顶部接触面高低不平。

（3）岩体分布内许多山顶为细粒花岗岩，但边缘接触带发育较差。这也说明顶部接触面平缓起伏状，故边缘相岩石发育，而边部接触面陡则不很发育。

（4）外变质带一般较窄，多小于 500m，说明岩体与围岩接触面较陡。

根据结构、岩性特点，可划分为中心相及边缘相。两者为过渡关系，其过渡带宽窄不一，最窄仅25m，最宽大于200m。

1. 中心相

中心相位于岩体中心部分，岩性变化不大，局部地方有变粗或变细的趋势。暗色矿物局部较集中，此现象主要由岩浆分异作用所造成。

岩石中见有扁圆状析离体，其长4~10cm，宽2~4cm，与母岩无明显界线，岩性为细粒斑状黑云母花岗岩，呈灰黑色，块状构造，细粒斑状结构。斑晶及基质均由斜长石、石英、黑云母组成。斑晶粒径在2~6mm，含量约占岩石的30%~40%，基质具微文象结构。

中心相以中粒斑状花岗岩分布最广，局部为中粒花岗岩、中粒斑状黑云母花岗岩，极个别为花岗闪长岩。

中心相岩石为灰色、灰白色，风化后为松散状，以中粒似斑状结构为主，块状构造。斑晶由钾长石组成，可见卡氏双晶，晶形良好，大小不一，一般为0.5cm×1cm或2cm×4cm，个别为3cm×5cm。斑晶含量约占5%~10%（质量分数）。基质由长石、石英、黑云母组成。钾长石及斜长石为灰白色，肉眼不易区分。黑云母分散分布。

主要矿物为微斜条纹长石20%~43%，石英18%~38%，斜长石20%~48%，黑云母2%~10%。

副矿物为锆石、金红石、磷灰石、榍石、褐帘石、白云母、电气石、石榴石、钛磁铁矿。

次生矿物为绿泥石、绢云母、斜黝帘石、绿帘石、高岭石、白钛石。

2. 边缘相

边缘相分布于岩体的南部及边缘，主要为细粒斑状花岗岩、细粒花岗岩，当黑云母大于5%时，则称黑云母花岗岩。近围岩处出现花岗闪长岩、斜长花岗岩、石英二长岩。岩体同化作用强烈。由于钠长石化作用，极个别出现钠长石。

细粒斑状（或细粒）花岗岩为灰白色、灰色，致密坚硬，块状构造，细粒及细粒斑状结构。由斑晶及基质组成。斑晶由长石及少数石英组成，大小为5~10mm，含量为5%~10%（质量分数）。基质由长英矿物及黑云母组成。粒径一般0.4~2mm。钾长石与斜长石均为灰白色，不易区别。

主要矿物为微斜微纹长石25%~42%，石英20%~42%，斜长石12%~38%，黑云母2%~10%。

副矿物为锆石、磷灰石、榍石、金红石、磁铁矿、电气石、褐帘石。

次生矿物为绿泥石、绢云母（白云母）、高岭石、绿帘石、斜黝帘石。

三、海洋山岩体

海洋山岩体出露于实习区东部，灌阳县至黄关以西宝界岭、穿岩界、凉山界一带，呈岩基产出，属中深成相。岩体在实习区内出露面积266km²，平面图上呈椭圆形。西部与奥陶系呈侵入接触，接触面倾向西或北西，倾角40°~60°；东部和南部与泥盆系为沉积不整合接触，接触面平缓，一般倾向东南，倾角10°~30°。

该岩体主要由中或细~中粒斑状黑云母花岗岩、细粒斑状黑云母花岗岩组成。前者是岩体的主要组成岩石，后者仅出露于太平岭、穿岩界一带。岩体的岩石结构、成分变化不大，而且细粒结构岩石分布没有规律，故未能与其他岩体一样有明显的中心相与边缘相之分，而仅根据结构划分为上述两种岩石。因两者在岩性、矿物成分等方面相似，故综合描述如下：

岩石呈灰、灰白色。致密坚硬，一般较难风化。块状构造。基质具细粒、细-中粒、中粒花岗结构的似斑状结构。由斑晶及基质两部分组成。斑晶多由钾长石组成，大小一般在0.7cm×1cm～1.5cm×2cm，含量约为5%（质量分数）。基质中钾长石及斜长石均为灰白色，二者不易区分。

主要矿物为钾长石（微斜条纹长石、正长条纹长石）15%～42%，斜长石（以钠长石、奥长石为主）17%～36%，石英20%～38%，黑云母3%～12%。

副矿物为锆石、硅灰石、榍石、金红石、磁铁矿、电气石、黄铁矿。

次生矿物为绢云母、绿泥石、斜黝帘石、高岭石、绿帘石、褐铁矿、白钛石。

四、新寨岩体

新寨岩体呈南南东向斜切加里东构造层，与寒武系呈侵入接触。形成750m宽的外蚀变带。接触面倾向围岩，倾角35°～65°。

岩体与下泥盆统莲花山组为沉积接触，沉积接触界线清楚，在地貌上表现为一条平直的连续陡崖，与海洋山岩体的接触关系特征相似。莲花山组底部有一层厚约1.9m的花岗质砂岩。花岗质砂岩呈紫红、浅灰绿色，局部含少量砾石，砾石大小0.5～2cm，由石英质组成。岩石无蚀变现象。

岩体的岩石构造较稳定，成分稍有变化，主要由中细粒斑状角闪黑云母花岗岩，少部分为中-细粒花岗闪长岩、细粒黑云母花岗岩组成。岩体的北端为偏中酸性的中-细粒花岗闪长岩，往南为酸性的细粒黑云母花岗岩，南端为中细粒斑状角闪黑云母花岗岩，其间没有明显的分相界线。岩石具花岗结构，块状构造，斜长石解理发育。

五、南源洞岩体

南源洞岩体出露于实习区东南部平乐、沙子镇南源洞一带，为一小椭圆形孤立浅剥蚀岩体。侵入于下石炭统岩关阶中，两者侵入接触关系明显，接触面倾向围岩，倾角26°～63°。围岩蚀变有大理岩化、硅灰石化、矽卡岩化、阳起石化等。

岩体主要由中粒斑状石英二长岩组成。岩石具中粒斑状结构，斑晶为长石，呈长条状自形晶，大小不一。岩石中常有黄铁矿星散分布，并有黑色矿物形成的包体，包体大小为8cm×4cm。

第五节　变　质　岩

从区域上看，实习区的前寒武系变质岩主要位于桂北的加里东期低压绿片岩相区（图7-6）。

广泛而强烈的加里东运动（广西运动）伴随而来的区域变质作用，致使震旦系及早古生代地层普遍发生轻度的区域变质，岩层强烈褶皱，泥质岩石（如页岩、泥质粉砂岩）中的黏土部分变为绢云母，局部变为绿泥石，形成板岩、千枚页岩，这是区内加里东构造层区别于相对年轻的海西构造层的一个特点。

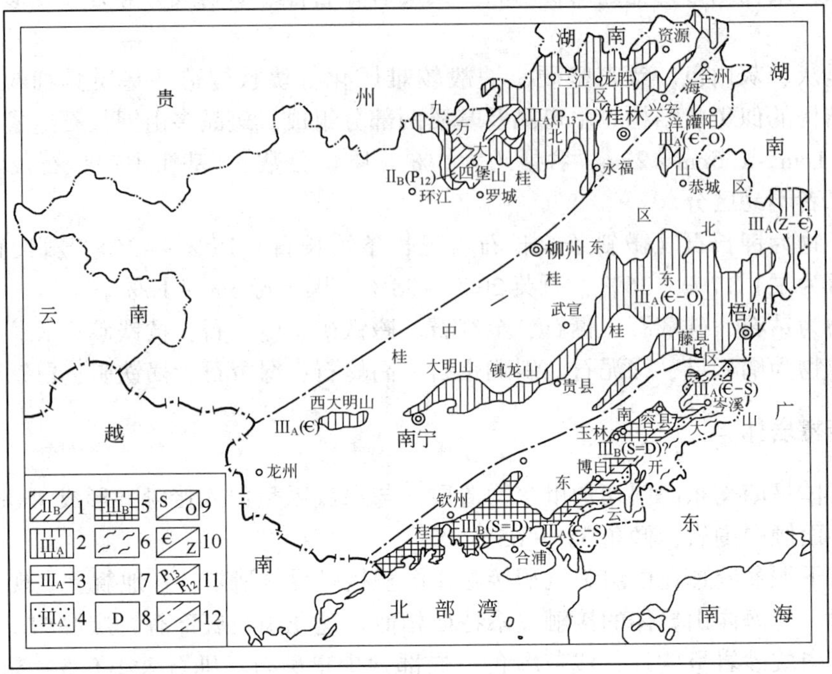

图 7-6 广西区域变质岩分区及不同时代区域动热变质作用相带分布略图

1—四堡期低压绿片岩相区；2—加里东期低压绿片岩相区；3—加里东期中-低压绿片岩相区；

4—加里东期中-低压角闪岩相区；5—华力西期（?）低压绿片岩相区；6—混合岩区；

7—非变质岩分布区；8—泥盆系；9—志留系、奥陶系；10—寒武系、震旦系；

11—中-上元古界；12—分区界线、相带界线

在加里东期侵入体的接触带上，寒武系、奥陶系的岩石由于受岩浆热力的烘烤，岩石中的黏土成分发生集中乃至重新结晶，形成斑点状板岩，越靠近岩体，则斑点越明显、越变大，依次形成斑点状绢云母角岩，斑点状绿泥石角岩，斑点状云母角岩，这种现象和规律是确定泥质碎屑岩与花岗岩侵入接触的有力证据，也是寻找隐伏岩体的可靠方法之一。这类角岩的标本可在漓江沿岸的砾石中普遍见到。如果花岗岩侵入的围岩是碳酸盐岩，则产生大理岩化，硅灰石化，矽卡岩化，如南源洞岩体可普遍见及。断裂作用也可使岩石变质，形成碎裂岩、构造角砾岩、糜棱岩，这往往是断层存在的证据。

第六节 矿 产

区内矿产丰富，种类较多，内生、外生矿产均有。金属矿种有铅、锌、铜、铁、钨、金及外围的锡、锰等；非金属矿种有石灰岩、白云岩、大理岩、重晶石、硅灰石、石英砂岩（玻璃原料）、磷、煤及外围的滑石等。

据《广西壮族自治区桂林市地质图集》说明书等资料，现将区内部分矿产简述如下。

一、石灰岩矿

石灰岩广泛分布，可作水泥原料和其他工业用原料者，目前已查明大型矿床 3 处，中

型矿床3处，小型矿床1处，主要分布于市南西郊。其产地为泰江、田心、鲁山、临桂、大头山—罗汉山、绿坊、菱角山等。

矿体大部分属上泥盆统融县组。个别为桂林组。矿石呈灰-灰白色，中-厚层状，微-细粒结构。矿物成分主要为方解石。局部少许白云石，品位 CaO 50%～56%，MgO 0.13%～1.81%；总储量5亿多吨。

二、黏土矿

黏土矿广为分布，已查明可作陶瓷和砖瓦原料者，有大型矿床1处，中型矿床7处，矿点1处，其产地为金鸡岭、田心、东江、临桂县二塘、茶店一新村、下窑、青平、潭南和绿坊等。

矿体主要属第四系冲积层和溶余堆积层，以黏土和亚黏土为主。含砂、砾少，黏性和可塑性较好。品位 SiO_2 42.34%～80.23%，Al_2O_3 9.74%～30.41%，Fe_2O_3 1.87%～13.31%，灼减量5.86%～9.04%；共计储量约1亿t。此外，桂林—阳朔公路两侧尚有大面积的黏土层分布，找矿前景较大。

三、页岩矿

页岩矿主要分布在图区的西北角，是制作砖瓦或制造水泥熟料的原料矿种，现已查明矿床2处（定江页岩、庙头页岩）。

矿体属下石炭统岩关组中、上部。由风化、半风化的灰褐色、深灰-黑色页岩、粉砂质页岩、碳质页岩等组成。品位 SiO_2 67%～78.93%，Al_2O_3 9.43%～16%，Fe_2O_3 2.95%～4.38%；共计储量552万t。

四、黄铁矿

已查明的矿床1处（上村黄铁矿）。

矿体产在中泥盆统信部组中上部及东岗岭组，受北北东向断裂控制，为热液充填交代型矿床。断续分布长约2km，厚0.3～0.63m。品位硫29.85%，储量133.75万t；锌2.16%，储量B+C级1.3246万t；镉0.077%，储量D级0.0487万t；铅0.396%，储量D级0.243万t。

五、砂岩矿

已查明的矿床2处（桂林南郊的龙泉砂岩及灵川北潭的北山砂岩）。

矿床为中泥盆统信都组中、上部石英砂岩和细-中粒石英砂岩、粉砂岩。长220～2500m，宽10～348m，厚5.12～56.5m。品位 SiO_2 82.25%～98.37%，Al_2O_3 0.42%～8.33%；总储量696.35万t。

这两个矿床，目前均为桂林玻璃厂的原料基地。

六、白云岩矿

已查明大型矿床1处（二塘四塘白云岩矿）。该矿位于临桂二塘南西3km处。矿体属下石炭统岩关阶白云岩，呈北东—南西向分布，长3000～5000m，宽200～900m，厚

80m，含 MgO 18% ~21%；储量大于 5992 万 t。

七、锌矿

已知矿点 1 处（葛家塘锌矿）。矿产在上泥盆统融县组中，共见矿 3 处，相距 30 ~ 40m，断续沿南东—北西向的节理裂隙充填，以铁龙山为好，长 15m，厚 2 ~ 8m。与方解石脉伴生，呈团块状、囊状产出，品位锌 63.05%，镉 1.51%。

八、锑矿

已查明有矿（化）点 2 处（大面锑矿和车头锑矿）。

矿体产于下石炭统岩关阶硅化灰岩中，受断层控制，多呈脉状出现，与石英、方解石脉关系密切。品位锑 0.743% ~23.75%，前者储量 0.099 万 t，后者储量不明。

九、铁矿

已查明有赤铁矿（化）点 3 处（尧山、黄村和乌仔岭）。

矿石为中泥盆统信都组上部的含铁粉砂岩、页岩、砂质泥岩和含铁钙质粉砂质泥岩等。见矿 1 ~ 4 层，长 500 ~ 1400m，宽 150 ~ 400m，厚 0.2 ~ 3.05m；平均品位 TFe 21.61% ~46.10%，S 0.01% ~0.143%，P 0.055% ~1.655%。这几处矿（化）点含铁都较贫、厚度变化大，工业价值不大。

十、泥炭矿

已查明矿（化）点 2 处（西南村泥炭和北山泥炭）。

矿产于第四系中，呈透镜状、扁豆状产出，分布面积 7729 ~ 300000m^2。矿石平均品位：有机质 13.17% ~13.87%，胡敏酸 10.28% ~10.82%，氮 0.97%，钾 0.71%，磷 0.02%，水分 9.39%，灰分 65.12%，挥发分 25.29%，固定炭 9.59%，可燃体挥发分 72.54%，碳 15.93%；共计储量 11.66 万 t。

十一、油页岩矿

仅查明矿点 1 处（西龙村油页岩）。

矿产于下石炭统大塘阶上部。见矿 2 层。下层为黑色油页岩，能燃烧，有油味，厚 0.3m；上层为疏松薄层状油页岩与黑色页岩互层、厚 0.7m。两矿层之间夹一层黑色页岩，厚 0.75m。矿层走向 35°，倾角 15° ~ 85°。化学成分：水分 1.43% ~1.80%，挥发分 10.52% ~16.09%，灰分 79.50% ~83.27%，固定炭 2.98% ~4.41%，含油率 4% ±。因矿区地质构造复杂，矿层又处于通常水位之下，未能查明矿体形态、规模等，有待进一步工作。

十二、磷矿

已知磷矿（化）点 2 处，均位于北西部，即定江磷矿和庙头磷矿。

矿产于下石炭统岩关阶中下段。矿化层为碳质钙质页岩夹胶磷矿小条带及透镜状硅质磷块岩团块。磷质矿物为胶磷矿和细晶磷灰石。见矿 1 ~ 数层，断续长数千米 ~ 10km，厚

0.12～3.47m，品位 P_2O_5 0.30%～8.25%，硅质磷块岩团块富集处 P_2O_5 9.70%～16.9%。

本矿种分布面较广，但品位低且厚度变化大，仅局部经风化淋滤富集地段可供地方作磷粉开采利用。

十三、钨矿

已知钨矿2处，位于资源牛塘界和兴安华江钨矿。

牛塘界钨矿矿体赋存于寒武系清溪组中，清溪组自上而下可分为四段，矿体主要产在第二段下部（3～4层白钨矿）和上部（1～6层白钨矿），矿体的顶底板为浅变质的富钙镁的泥质粉砂岩和绢云母板岩。矿体呈层状，似层状或沿层产出的透镜体，走向或倾向上常有膨缩现象，局部见含白钨矿石英脉交切矿层。矿体产状与围岩产状吻合一致，总体倾向200°～250°，倾角10°～40°。单层矿体平均厚1.34～3.99m。

矿石主要为含白钨矿的矽卡岩化角岩，含白钨矿的矽卡岩化大理岩，含白钨矿的泥质粉砂岩和绢云母化板岩等类型。WO_3的含量0.144%～0.766%。属矽卡岩型矿床。

十四、萤石矿

已知萤石矿1处，位于资源牛塘界。

矿体赋存于寒武系清溪组 F_4断裂带中，矿脉平面形态为脉状，呈近东西向展布，矿脉断断续续出露，长度近500m，矿体倾向南西197°，倾角60°，局部变陡达65°左右，矿脉严格受 F_4控制，矿脉产状基本与 F_4断裂一致。矿体。矿体厚度0.6～1.8m，平均1.20m，矿石含 CaF_2 46.7%～69.3%，平均58%。矿体顶、底板为深灰、灰黑色中厚层-厚层状轻变质粉砂岩、泥质粉砂岩、板岩。矿脉体与围岩的界线清楚，近矿围岩中见硅化蚀变现象。属破碎带热液充填型萤石矿。

第七节　桂林地质发展简史

广西在早古生代及其以前为浩瀚的大海，在距今4亿年左右的志留纪末，发生了范围广泛的地壳运动（广西运动），海水退出本区，4亿年前海底沉积的地层隆起，并发生了褶皱和断裂，在本区北面的猫儿山、越城岭以及东面海洋山有大规模的花岗岩浆侵入。在经历了长期的风化剥蚀作用后，至泥盆纪初期地壳又开始下沉，海水由南向北漫淹广西，除本区四周的大天平山、猫儿山、越城岭及海洋山、驾桥岭一部分仍为陆地或孤岛外，桂林市及其周围均沦为海域。初期，从陆地带来的大量泥砂在海中沉积下来，成为砂岩、页岩，将其下的早古生代地层全部覆盖。从中泥盆世晚期开始至早石炭世，沉积了厚达千余米的石灰岩和部分白云岩。含有当地栖居海底的生物化石如腕足类、珊瑚、层孔虫、钙藻等。有些地方由于环境特别适合生物的大量繁殖，块状层孔虫、海绵、钙藻在原地不断生长后连成一片，凸起在海底，构成了生物礁（丘）。海水较深处沉积有页岩、硅质岩、粉砂岩和少量石灰岩，化石以水中漂浮或游泳的微体生物如竹节石、牙形石和介形虫为多。

在距今2亿年左右（中、晚三叠世之间）又一次席卷广大区域的地壳运动（印支运动）使地壳再度隆起，海水撤退，同时使地层发生褶皱和断裂。印支运动结束了本区长达数亿年的海洋史，开辟了陆地发展的新纪元。它一方面奠定了现今桂林地区地质构造的基本格局，另一方面制约了此后中生代和新生代地质构造历史的发展和地层的分布。本区近南北方向的主体构造（包括褶皱和断裂）以及北东、北西方向的次级构造大多是印支运动所形成的。一些在泥盆纪前的基底构造，如控制泥盆纪海底地形和沉积岩类型的近南北向大断裂，也在印支运动时再次活动。自那时至今，桂林地区的地壳总的处于抬升状态，地势四周高中间低，为一南北向盆地。中生代和新生代，因受燕山运动和喜马拉雅运动影响以及各种自然营力对石灰岩的作用，一些地方形成断陷—岩溶盆地（如奇峰镇机场西侧和三里店一带），积水成湖，先后沉积了晚白垩世和第三纪地层。

从第四纪开始（距今约 250 万年）又进入另一新的地质历史发展时期。因本区地处亚热带，气候温湿，雨水充沛，石灰岩等碳酸盐类岩石遭强烈溶蚀和其他的物理化学作用，形成了千姿百态的岩溶地貌；在岩溶平原及洼地中堆积了溶蚀残余的红黏土；砂岩、页岩等岩石也同时受风化剥蚀，崩解的岩石碎块一部分被洪水冲至山前（如尧山西侧）堆积成洪积阶地、洪积扇，另一部分被水流带到更低的地方（如现今漓江谷地一带）堆积下来。大约从更新世晚期（距今 1 ~ 2 万年）开始，由于地面逐渐上升，水体下切，尤其沿南北向背斜核部及北东、北西向断裂较脆弱部位下切更强烈，逐渐形成了现今的漓江河谷，在河谷中堆积了砾石、砂土层。此一时期生物较繁盛，木本、草本、蕨类植物在泥沼地带堆积成泥炭；在一部分洞穴中见有剑齿象、大熊猫、鹿类、貘、犀牛、羚羊、猕猴及鳄鱼，螺、蚌等牙齿和骨骼化石。第四纪是从猿变人的时期。桂林地区可考证的古人类遗迹始于距今约 1 万年的全新世：在甑皮岩诸洞穴中发现有新石器早期完好的人类和哺乳动物、软体动物化石及陶器、骨器等古文化遗物。

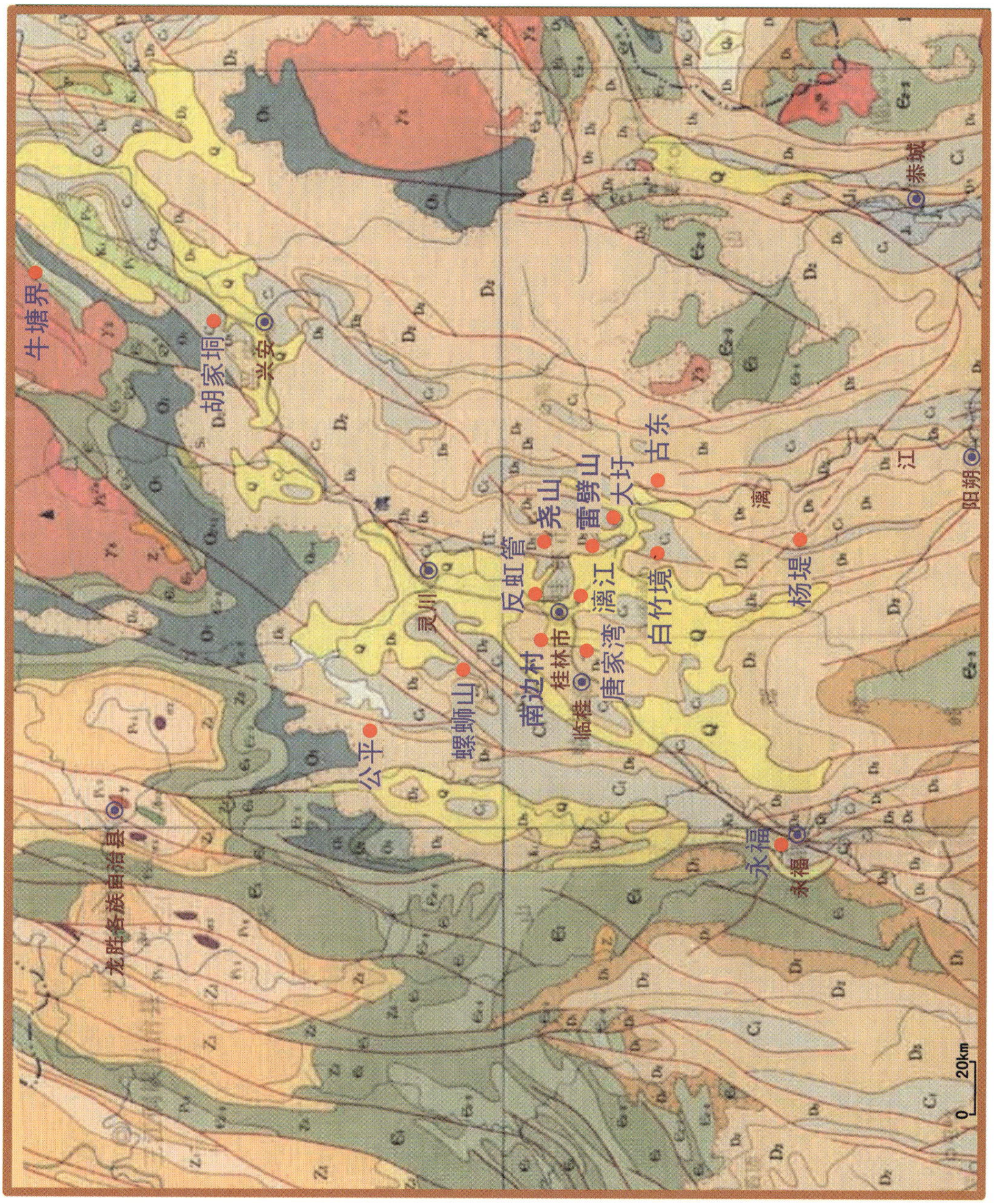
牛塘界
胡家垌
兴安
恭城
灵川
公平
螺蛳山
南边村
桂林市
临桂
唐家湾
反虹管
尧山
雷劈山
大圩
古东
漓江
白竹境
杨堤
漓
江
阳朔
永福
龙胜各族自治县
0 20km

图7-2　实习区地质图

第三篇 野外实习教学内容与要求

第八章 路线地质教学内容

第一节 反虹管实习路线(河流地质作用)

路线:桂林理工大学—潘家—反虹管—返回。

目的:认识河流的地质作用及其主要产物;
了解下石炭统岩关组岩性特征及构造现象。

内容:(1)观察河流的侧蚀作用、冲积物特征及河漫滩地貌;
(2)观察漓江一级阶地剖面冲积物的二元结构;
(3)观察下石炭统岩关组岩性特征及其构造现象。

思考:(1)下蚀作用和侧蚀作用有何区别?
(2)河流冲积物有何特征?
(3)什么是河流冲积物的二元结构?
(4)阶地的成因及如何分类?

G—01

点位:刘家村北渡口河漫滩上。

点性:(1)河流的侧蚀作用现象;
(2)河漫滩地貌;
(3)冲积物特征。

描述:该点位于漓江由北向南转为由东向西流动的转弯处(图 8-1),可见河流侧蚀和沉积作用现象。

该点漓江南岸为岩岸(侵蚀岸),河壁较陡;河流南侧水深较大且流速较快,北侧水深较浅且流速较慢。北岸为沉积作用形成的河漫滩,滩面较平坦。河漫滩宽 20~30 m,由砾石和砂组成。砾石成分主要为砂岩、花岗岩、脉石英、角岩及少量的硅质岩、灰岩,其中数量最多的是砂岩。砾石的磨圆度好,分选性亦较好,由岸边至河床粒度由细变粗,岸边粒度多为 6~7 cm,近河床粒度多为 10 cm 左右。砾石的扁平面多向河床方向倾斜。

本点向西望,河流分叉,发育心滩(图 8-2),向西北望见一级、二级阶地(图 8-3)。

图 8-1　漓江河谷

图 8-2　漓江心滩

图 8-3　漓江一级、二级阶地

附：刘家村渡口漓江河谷阶地剖面（图 8-4）。

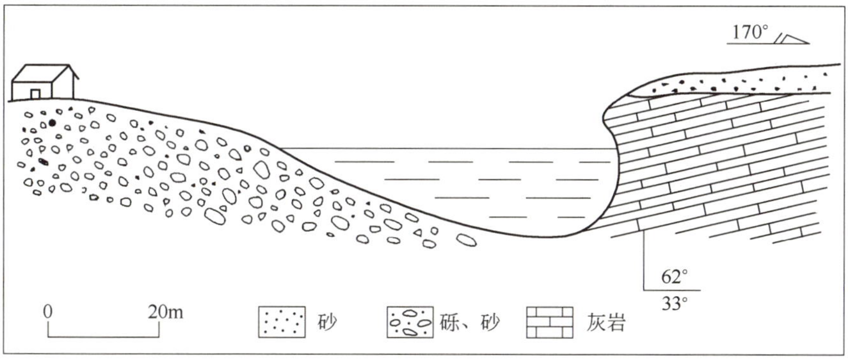

图 8-4　漓江河谷阶地剖面

G—02

点位： 洲尾村北岸泻洪渠与漓江交汇处。

点性： 漓江河谷一级阶地剖面上的二元结构。

描述： 本点发育一比较完整的漓江阶地剖面（图 8-5）。阶地由冲积物构成，属一级堆积阶地。阶面较平坦，阶地剖面高约 3.5 m，可见明显的二元结构现象：上部为河漫滩相，厚 0.5~1 m，由细砂和黏土组成；下部为河床相，厚 2.5~3 m，由砾石和粗砂组成。砾石磨圆度、分选性均较好，且由上到下粒度略增，一般大小为 3~10 cm。砾石扁平面微向河床倾斜，局部呈叠瓦式排列。

图 8-5　漓江一级阶地剖面冲积物的二元结构

附：漓江一级阶地二元结构剖面图（图 8-6）。

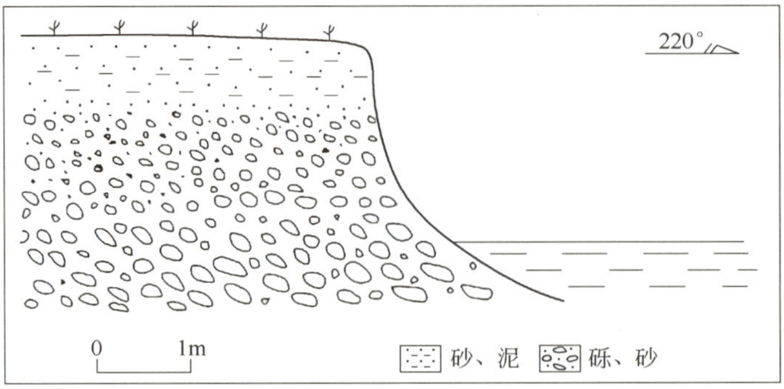

图 8-6　漓江一级阶地剖面冲积物的二元结构剖面图

G—03

点位：刘家村南渡口。

点性：下石炭统岩关组(C_1y)岩性及构造现象。

描述：(1) 岩关组(C_1y)岩性特征：深灰色薄层状泥质灰岩和泥晶灰岩，其产状为68°∠45°。

(2) 构造现象：灰岩中有两组方解石脉发育，一组沿岩石层理发育(图 8-7)，呈白色薄膜状，脉幅 0.3~1 cm，其上可见擦痕和阶步。由擦痕和阶步特征可判断该处岩层曾发生逆向滑动。另一组为穿层陡倾斜脉体，呈雁形排列，单脉呈白色透镜状，产状以 305°∠65°为主，脉幅 0.2~0.5 cm 不等。

由陡倾斜方解石脉切穿顺层方解石脉的现象(图 8-8)，可判断后者形成较早，前者形成较晚。

图 8-7　顺层方解石脉

图 8-8　方解石脉的交切关系

第二节　白竹境实习路线(断层现象)

路线：桂林理工大学—奇峰镇—白竹境水库—返回

目的：认识区域性大断层及其伴生构造，并绘制断裂构造剖面图。

内容：观察奇峰镇—大埠逆断层及其旁侧的伴生褶皱。

思考：(1) 区域性断层与小断层特征有什么不同？

(2) 奇峰镇—大埠断层上、下两盘伴生构造发育特征为何有所不同？

G—04

点位：白竹境水库北侧观音山南坡。

点性：奇峰镇—大埠断层及其伴生褶皱构造。

描述：从水库南岸向北看，大断层地貌上表现为陡壁和台阶（图 8-9、图 8-10）。断层面倾向西，倾角较缓，断层上盘为中泥盆统东岗岭组（D_2d）厚层灰岩、白云岩。下盘为下石炭统大塘组（C_1d）薄-中层状灰岩，含较多的燧石结核和大量的笛管珊瑚、贵州珊瑚等化石。中间缺失上泥盆统（D_3）和下石炭统岩关组（C_1y）。断层上盘岩层较厚，节理较发育，岩层较破碎；下盘岩层较薄，褶皱复杂，且多数褶皱不对称（图 8-11）。其中较明显的一个为小型斜歪尖棱褶皱（东西两翼的产状分别为：56°∠25°；285°∠41°）（图 8-12）。

图 8-9 断层远景

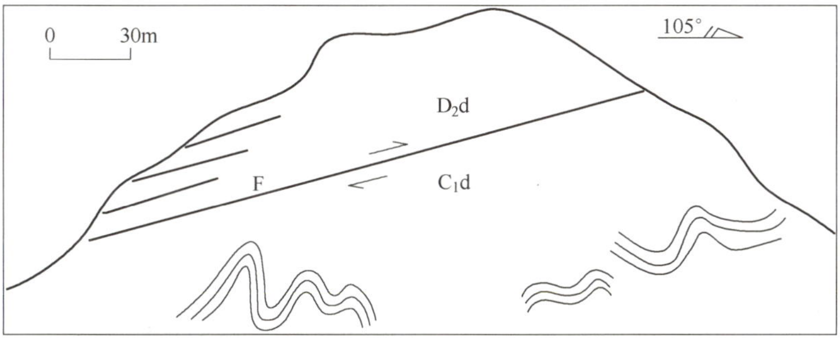

图 8-10 白竹镜水库边奇峰镇—大埠断层剖面示意图

图 8-11 断层下盘褶皱

图 8-12 尖棱及箱状褶皱

根据断层面产状、多数牵引褶皱、上下盘地层新老关系可推断:断层上盘相对上升,下盘相对下降,为一大型逆断层。

第三节　大圩实习路线(泥盆–石炭系剖面及古生物)

路线:桂林理工大学—大圩—潮田贮木厂—返回

目的:(1)了解下石炭统岩关组和大塘组的岩性特征及其接触关系;

(2)认识小型褶皱和层间构造现象。

内容:(1)观察地层整合接触关系现象并远观"牛轭湖";

(2)观察下石炭统岩关组中的小型褶皱及劈理构造;

(3)观察直立倾伏背斜、理解轴面和枢纽产状。

思考:(1)牛轭湖是怎样形成的?

(2)层间褶皱和主褶皱有何联系和区别?

(3)化石是如何形成的? 化石采集有何要求?

G—05

点位:大圩钓鱼山半腰。

点性:下石炭统大塘组和岩关组岩性特征及其接触关系。

描述:大塘组(C_1d):位于山坡上部,地形较和缓,主要为浅灰色薄–中厚层泥灰岩与灰岩互层,灰岩呈泥晶结构,成分为泥晶方解石。泥灰岩风化后显黄色,较疏松。多见层孔虫、珊瑚、腕足类化石。

岩关组(C_1y)位于山坡下部,地形较陡峻,主要为深灰色厚层白云岩和白云质灰岩,白云岩为细晶结构,矿物成分为白云石,化石稀少,风化面呈黑色,刀砍状。

大塘组(C_1d)与岩关组(C_1y)呈整合接触(图 8-13),接触面产状为 135°∠23°。

图 8-13　整合接触带全景

该点西眺约 500 m 处为黄沙河,可见在河流转弯处由于河水截弯取直作用形成的牛轭湖和心滩(图 8-14)。

该点西面更远处见大片峰丛地貌。

附：下石炭统大塘组和岩关组整合接触关系剖面(图8-15)。

图8-14　牛轭湖和心滩，远处为峰丛地貌

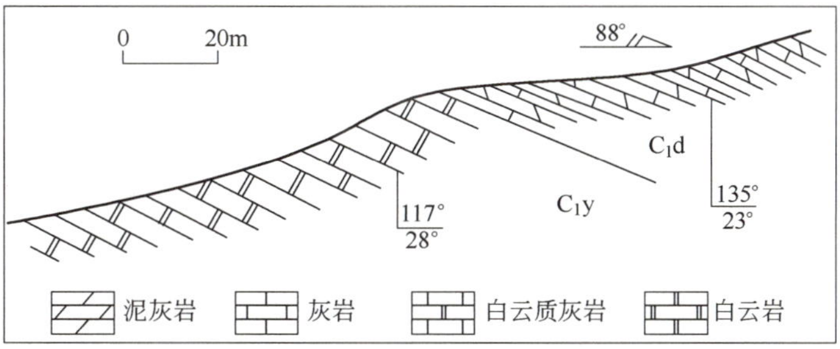

图8-15　下石炭统大塘组和岩关组整合接触关系剖面

附：大圩钓鱼山大塘组(C_1d)中产的层孔虫、珊瑚、腕足类等化石。

笛管珊瑚化石

枝状层孔虫化石

生物碎屑灰岩中的海百合茎和腕足类化石

长身贝化石

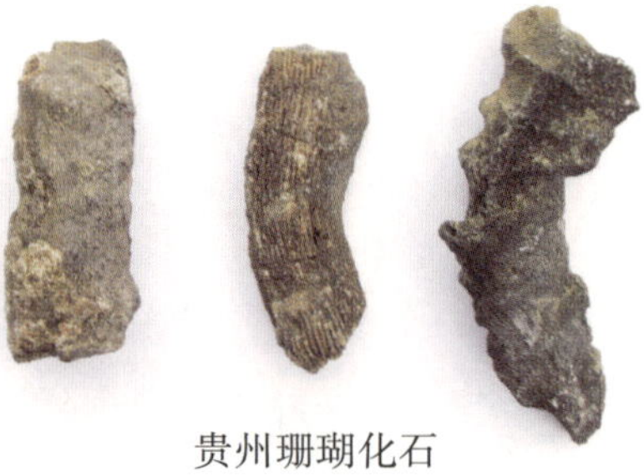

贵州珊瑚化石

G—06

点位：袁家村南公路与小路交汇处。

点性：下石炭统岩关组层间构造现象（图 8-16）。

描述：本点岩关组（C_1y）为中厚层泥质灰岩与粉砂质碳质泥岩互层。泥质灰岩相对较硬，表现为层间小褶皱；粉砂质碳质泥岩较软，表现为层间劈理。层间小褶皱东翼长，西翼短，轴面劈理发育，轴面向东陡倾。层间劈理与层面同向倾斜，层间劈理产状为 91°∠63°，岩层产状为 110°∠40°。层间褶皱和层间劈理均指示岩层顺层逆向滑动。此外，还可见一晚期折扭发育。

附：层理和劈理关系素描（图 8-17）。

图 8-16　下石炭统岩关组层间构造现象

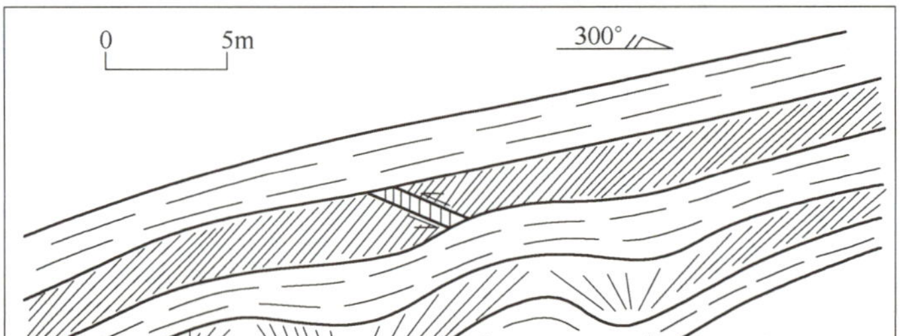

图 8-17　层理和劈理关系素描

G—07

点位：袁家村沿河进约500m南壁。

点性：下石炭统的小褶皱现象。

描述：该点见一背斜构造(图8-18)。背斜的东翼较陡,产状为72°∠62°。西翼较缓,产状为272°∠50°。轴面向西陡倾,枢纽向北倾伏。褶皱转折端可见纵张裂隙为方解石脉充填。核部可见与大褶皱同型的次级小褶皱,其枢纽也向北倾伏。

图8-18　袁家村背斜(图8-19圆圈部分)

由两翼及枢纽产状可将该背斜定名为:直立倾伏背斜。

附:袁家村背斜剖面(图8-19)。

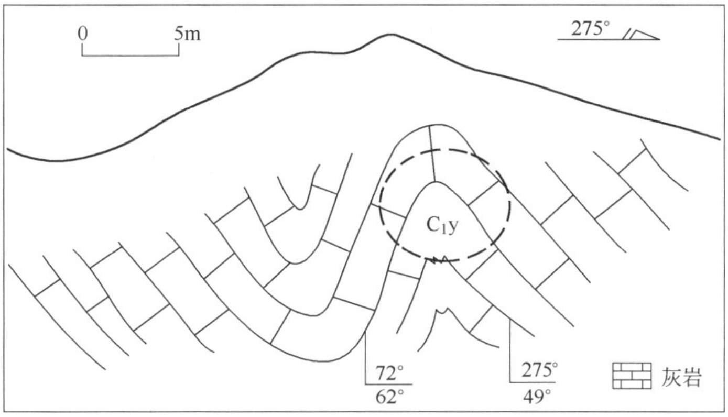

图8-19　袁家村背斜剖面

第四节　杨堤实习路线(中-上泥盆统剖面)

路线：桂林理工大学—雁山—报安—南村—返回

目的：(1) 了解深水相中-上泥盆统剖面特征;

(2) 认识并描述短轴背斜和大型断层。

内容：(1) 观察中泥盆统信都组岩性特征及短轴背斜;

（2）观察中-上泥盆统剖面；

（3）观察白沙-寿崴断层。

思考：（1）褶皱的基本几何要素有哪些？

（2）中-上泥盆统各组段岩性各有何不同？各组段代表性岩石有哪些？

（3）由中-上泥盆统各组段岩性和化石特征你能否判断其可能形成于什么环境？

G—08

点位：合作村道班前的小山包。

点性：中泥盆统信都组岩性特征及背斜构造。

描述：（1）中泥盆统信都组（D_2x）（图 8-20）岩性特征：本组岩性主要为灰白色（风化后呈灰黄色）中厚层状石英砂岩，细砂结构，成分主要为石英，少量泥质、白云母。岩层致密坚硬，层理清晰，产状为 265°∠33°。

（2）该点可见一发育较好的背斜构造。其核部地层为中泥盆统信都组（D_2x）灰白色（风化后呈灰黄色）中厚层石英砂岩，层理清晰；两翼地层为中泥盆统东岗岭组（D_2d）白云岩夹层孔虫白云岩。东西两翼的产状分别为 91°∠25°，280°∠35°。轴面向东倾斜。背斜轴向近于南北，枢纽北端向北倾伏，南端向南倾伏，核部长宽之比约为 6∶1，故为短轴背斜。背斜两翼的节理比较发育。由于核部砂岩较难风化，该背斜在地表呈一馒头状小山包（图 8-21）。

图 8-20　中泥盆统信都组砂岩

图 8-21　杨堤背斜核部由中泥盆统信都组砂岩组成的小山包

G—09

点位：合作道班前的小山包北侧山脚下。

点性：由此点向北观察中-上泥盆统剖面。

描述：由南向北依次出现中泥盆统信都组（D_2x）砂岩、东岗岭组（D_2d）白云岩和灰岩、上泥盆统榴江组（D_3l）硅质岩、五指山组（D_3w）扁豆灰岩（图8-22）。

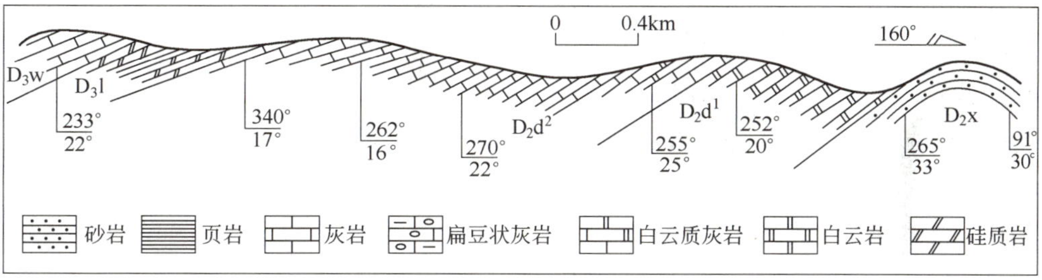

图8-22　杨堤中-上泥盆统信都剖面图

中泥盆统东岗岭组下段（D_2d^1）白云岩：深灰色，中厚层，岩石中含有大量双孔层孔虫、球状层孔虫、腕足类等化石，化石内部构造不清楚，已被方解石交代。岩石风化面呈黑色，刀砍状，俗称“太婆脸”（图8-23）。

中泥盆统东岗岭组上段（D_2d^2）泥晶灰岩（图8-24）：深灰色，薄-中厚层状，泥晶结构。成分为泥晶方解石。泥晶灰岩中夹少量硅质岩、硅质页岩。由上至下，硅质、泥质逐渐增多。岩层产状为262°∠16°。

图8-23　中泥盆统东岗岭组下段白云岩

图8-24　中泥盆统东岗岭组上段灰岩

上泥盆统榴江组（D_3l）硅质岩、硅质页岩（图8-25）：硅质岩呈灰-灰黑色，风化后呈褐黄色，薄层状，岩石致密，性硬脆，风化碎块呈棱角状。含较多竹节虫和牙形石化石。硅质页岩呈夹层或与硅质岩互层出现，易风化，风化后呈土状。岩层产状为246°∠8°。

上泥盆统五指山组（D_3w）扁豆状灰岩（图8-26）：灰色-灰绿色，薄-中厚层，扁豆和条纹构造发育。扁豆体为泥晶灰岩，呈透镜状、蠕虫状、豆荚状，大小不一，多为0.5 cm×2 cm

~1 cm×4 cm。条纹具水平纹理，围绕扁豆体波状起伏分布。条纹较细，宽约 0.2~0.5 cm，主要为泥质及少量粉砂级石英，有时可见黄铁矿颗粒。由于差异风化作用，风化面上扁豆体微凹，条纹微凸。岩层产状为 233°∠22°。

图 8-25　上泥盆统榴江组硅质岩

图 8-26　上泥盆统五指山组扁豆状灰岩

G—10

点位： 杨堤公路与桂阳公路交会处附近。

点性： 观察白沙—寿崴断层。

描述： 该点为白沙—寿崴断层出露点。断层面倾向西，倾角较陡，东盘为上泥盆统五指山组（D_3w）薄层泥晶灰岩，西盘为下石炭统岩关组（C_1y）厚层白云岩。东盘上升，西盘下降，为正断层。断层破碎带宽 20~30 m。

断层的证据有：

（1）地貌上表现为冲沟和陡崖（图 8-27）；

（2）两盘地层岩性、产状不一致；

（3）断层带岩层直立，且具牵引现象（图 8-28）；

（4）断层带具大量张性角砾，被不规则方解石脉胶结（图 8-29）。角砾棱角状，大小不等，直径多为几十厘米。

图 8-27　断层通过处的陡崖地貌

图 8-28　断层旁侧的牵引构造

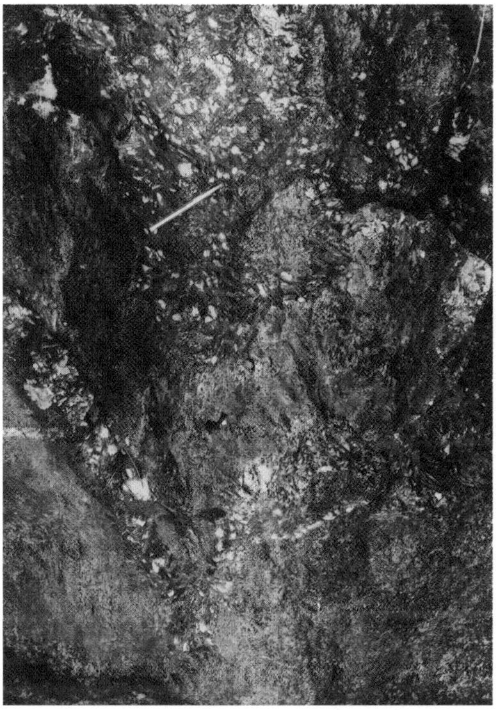

图 8-29　断层带内的方解石脉

第五节　永福实习路线(断层及角度不整合)

路线：桂林理工大学—两江—永福—返回

目的：认识角度不整合接触关系及斜冲断层。

内容：(1) 观察白垩系与下石炭统岩关组角度不整合接触关系；

(2) 观察斜冲断层及其伴生的小构造现象。

思考：(1) 角度不整合是怎样形成的?

(2) 断层的识别标志主要有哪些?

G—11

点位：永福凤山西南坡半山腰。

点性：白垩系与下石炭统岩关组角度不整合接触关系。

描述：该点可见白垩系(K)与下石炭统岩关组(C_1y)角度不整合接触现象(图 8-30)。不整合面凸凹不平,不整合面之上为白垩系(K),岩层产状为 94°∠26°;不整合面之下为下石炭统岩关组(C_1y),岩层产状为 20°∠37°。

白垩系(K):底部为土黄色中-厚层状含砾砂岩。砾石成分主要为硅质灰岩和燧石。砾石大小不一,砾径 0.5~3 cm,最大的约 10 cm,尖棱状,胶结物为钙质、泥质及硅质。

下石炭统岩关组(C_1y):深灰色薄-中层硅质灰岩。岩石致密较硬、性脆、层理清楚。灰岩中方解石脉较发育,较难风化,突出于风化面表面。

白垩系(K)与石炭系(C)不连续,之间缺失二叠系(P)、三叠系(T)、侏罗系(J),且上下两套地层产状不一致,故为角度不整合接触。

附:永福凤山角度不整合接触剖面(图 8-31)。

图 8-30　角度不整合接触现象

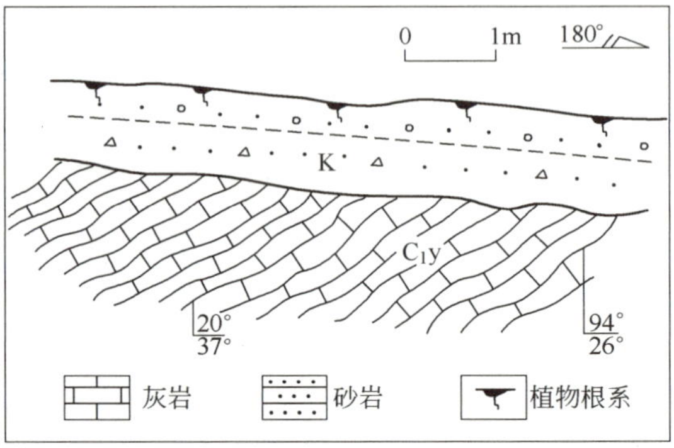

图 8-31　永福凤山角度不整合接触剖面

G—12

点位:永福县城关镇凤山西北坡半山腰。

点性:(1) 白垩系与下石炭统岩关组角度不整合接触;

(2) 逆冲断层及其伴生的小构造现象。

描述:(1) 白垩系(K)与下石炭统岩关系组(C_1y)角度不整合接触关系:不整合面起伏不平,上覆地层为白垩系(K)浅黄色砂岩,产状为 270°∠22°(在该点南侧测得);下伏地层为下石炭统岩关组(C_1y)灰色薄-中厚层硅质灰岩,产状为 175°∠20°。

(2) 逆冲断层(图 8-32):发育在不整合面之下的下石炭统岩关组(C_1y)中,断层面较平整,产状为 70°∠26°,断面上具有明显的擦痕(侧伏产状 35°~45°N)和阶步(图 8-33)。断层带宽 30~40 cm,带内构造透镜体(图 8-34)、劈理和小褶皱(图 8-35)发育。两盘的岩层均有明显的牵引现象。

图 8-32　永福凤山断层

图 8-33　擦痕和阶步

图 8-34　构造透镜体

图 8-35　牵引小褶皱

综合擦痕阶步滑向、透镜体、劈理排列形式、小褶皱轴面倾向、两盘地层牵引现象可知该断层为一逆冲断层。

附：永福凤山断层剖面（图 8-36）。

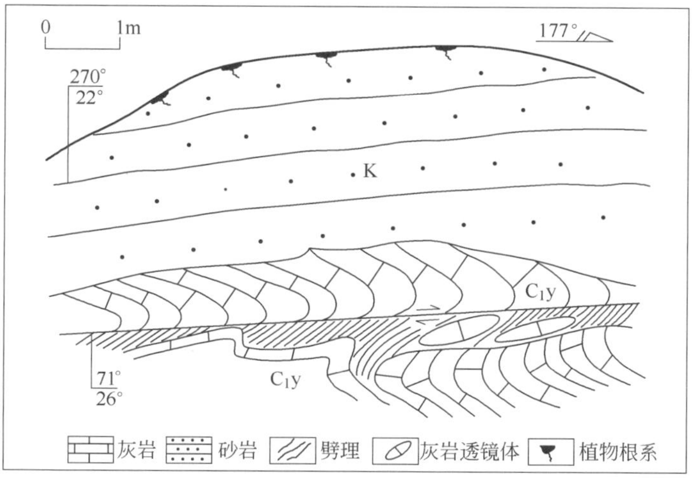

图 8-36　永福凤山断层剖面

第六节　唐家湾实习路线(地下河地质作用)

路线：桂林理工大学—唐家湾市委党校—牛奶厂—返回

目的：(1) 认识地下水的地质作用及地貌特征；
(2) 认识大型褶皱和张性构造角砾岩。

内容：(1) 观察大型直立倾伏背斜；
(2) 观察张性构造角砾岩；
(3) 追踪地下暗河、盲谷及落水洞现象。

思考：(1) 如何区分张性角砾岩和压性角砾岩？
(2) 地下暗河及相伴的盲谷、落水洞是怎么形成的？
(3) 如何正确观察和记录地下水出露点？
(4) 为什么唐家湾背斜核部反而形成凹地？

G—13

点位：唐家湾市委党校西边黄村西南 600 m 的小型盆地中。

点性：小型暗河的溶蚀现象及相关地貌。

描述：此处为一小型的溶蚀盆地，面积约为 0.6 km^2，四周被峰丛环绕，峰顶到盆地中心的高度约 140～180 m。盆地中部发育一条延伸方向 NWW—SEE 的地下河。自盆地水泵房边进入地下开始(图 8-37)，向南东方向约 100 m 的地段内时隐时现，构成明流与暗流交替出现，最后转为地上河的奇特地貌现象(图 8-38)。在最西端的出口处可以见到随季节变动的地下水位，水温较稳定，常年在 10～20℃之间变化。水质优良，无色无味，可供饮用。

图 8-37　地下河入口

沿暗河可见到小型的天生桥和落水洞(图 8-39)。暗河出露地表后的明流地段称为盲谷，盲谷中可见到很多非原生的灰岩露头，产状各异，表明该盆地溶蚀坍塌时岩块杂乱堆积，致使灰岩产状多变。

图 8-38　地下河出口

图 8-39　落水洞

G—14

点位：牛奶厂小西山的南侧面山脚下。

点性：张性构造角砾岩。

描述：该点可见一断裂破碎带。破碎带中构造角砾岩（构造角砾岩：由仍保持原岩特点的岩石碎块组成，角砾胶结物为磨碎的岩屑、岩粉以及方解石脉和外源物质）发育（图 8-40）。角砾岩呈浅红色，角砾结构，块状构造。角砾呈深灰色，大小几厘米至几十厘米不等，棱角分明，杂乱分布，成分为灰岩，被钙质、铁质、泥质及不规则网脉状方解石脉胶结。

上述特征表明其为张性构造角砾岩。

图 8-40　构造角砾岩

G—15

点位：唐家湾市委党校大门口对面。

点性：大型直立倾伏褶皱。

描述：该点可见一完整的背斜构造（图 8-41、图 8-42）。其核部地层为中泥盆统信都组（D_2x）石英砂岩、泥质砂岩及泥岩。植被发育，地貌上表现为负地形；两翼地层为中泥盆统东岗岭组(D_2d)白云岩和灰岩,表现为陡峭的石山地貌。东翼产状为 110°∠35°;西翼产状为 260°∠28°。背斜轴面近于直立,枢纽向南倾伏,为一直立倾伏背斜。

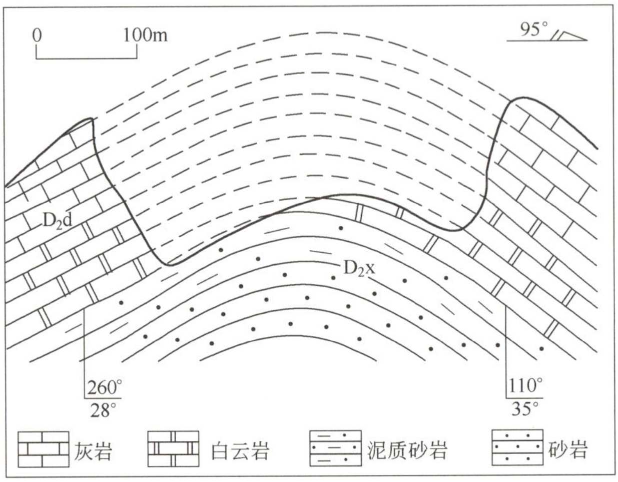

图 8-41　唐家湾背斜剖面示意图

图 8-42　唐家湾背斜远景

第七节　牛塘界实习路线(花岗岩及钨矿)

路线: 桂林理工大学—大溶江—牛塘界钨矿—返回

目的: 了解苗儿山花岗岩岩体的岩性特征及其与围岩的接触关系;
认识小型钨矿及其矿石岩石特征。

内容: (1) 观察花岗岩岩性特征及其风化壳剖面;
(2) 观察花岗岩与围岩的侵入接触关系;
(3) 观察花岗岩与围岩侵入接触外接触带的白钨矿、金属硫化物的矿化现象。

思考: (1) 风化壳剖面有何结构特征?
(2) 岩体与围岩的接触关系有几种,各有何特征?
(3) 如何区分白钨矿、石英和方解石?

G—16

点位：越城岭林场340°方向沿公路约500 m公路边。

点性：（1）花岗岩风化壳剖面特征；

（2）花岗岩岩性特征。

描述：（1）在该点可见一人工揭露的花岗岩风化壳剖面（图8-43）。风化壳剖面总厚度约15 m，从上至下可分为土壤层、强风化层、半风化层和基岩层。其中：土壤层厚度约0.5 m，呈黑褐色，较疏松，富含腐殖质，植物根系发育；强风化层厚约1 m，呈黄褐色，岩石强烈风化呈土状；半风化层厚约2 m，呈黄灰色，花岗岩中的长石风化呈白色高岭土，黑云母风化后呈褐红色铁质物；基岩层为花岗岩，出露厚度大于10 m，岩石新鲜，呈浅灰色。

（2）花岗岩岩性特征：浅灰-灰白色，块状构造，似斑状结构（图8-44）。斑晶为正长石、斜长石、石英和黑云母。正长石呈肉红色，自形较好，板柱状，常具卡式双晶，大小不一，一般长4~5 cm，宽1~2 cm，含量约30%；斜长石，呈灰白色，半自形，柱状，粒度0.8~1 cm，含量15%~20%；石英，无色透明或烟灰色，他形粒状，油脂光泽，粒度0.8~1 cm，含量15%~20%；黑云母，呈黑色，鳞片状集合体，含量约10%，部分蚀变为绿泥石。基质亦为结晶程度差的正长石、斜长石、石英和黑云母，含量约20%~30%。

由上述岩性特征可定名为灰白色斑状黑云母二长花岗岩。

图8-43　花岗岩风化壳剖面特征

图8-44　花岗岩标本

G—17

点位：牛塘界钨矿大门口。

点性：花岗岩与围岩的侵入接触关系。

描述：该点可见苗儿山花岗岩体与围岩（震旦系浅变质砂岩）的侵入接触关系剖面（图8-45）。接触面凸凹不平，之上为震旦系浅变质砂岩，局部产状为121°∠65°，接触面附近见烘烤边。岩体为中-粗粒花岗岩，风化后呈褐黄色，近围岩处云英岩化强烈，并有冷凝边现象。

接触带附近岩体中见一晚期石英脉发育，产状为272°∠63°。

照片（图8-46）为剖面示意图中的虚线圈部位。

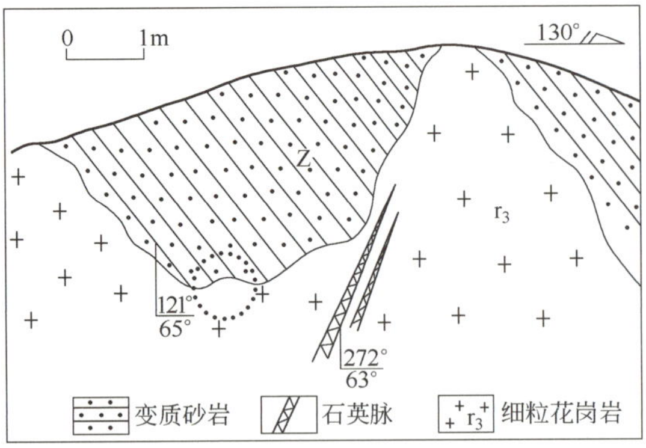

图 8-45　花岗岩体与围岩侵入接触关系剖面

图 8-46　花岗岩体与围岩侵入接触现象

G—18

点位：牛塘界钨矿坑口。

点性：坑口矿石堆中的钨矿矿石特征。

描述：该处可见白钨矿矿石(图 8-47)。白钨矿矿石呈浅灰色,团块状构造,金属矿物主要为白钨矿、黄铁矿(图 8-48)及少量的方铅矿和闪锌矿。脉石矿物主要为石英、萤石(图8-49)及围岩角砾。其中白钨矿呈米黄色,不规则团块状,分布于石英脉和围岩的接触部位。

图 8-47　白钨矿矿石

图 8-48　黄铁矿矿石

图 8-49　萤石

第八节　公平实习路线(天生桥及铁矿)

路线：桂林理工大学—灵川猫儿山—清狮潭水库—返回

目的：了解沉积铁矿的基本特征和产出条件及碳酸盐岩区的天生桥现象。

内容：(1) 观察中泥盆统东岗岭组灰岩中的天生桥现象；

(2) 观察中泥盆统信都组上部的沉积赤铁矿。

思考：(1) 碳酸盐岩区的天生桥是如何形成的？

(2) 本区中泥盆统中的沉积铁矿是如何形成的？你知道什么是“宁乡式铁矿”吗？

(3) 铁矿石鲕状构造是如何形成的？

G—19

点位：九屋村南东 170°约 1 km 处山崖下。

点性：碳酸盐岩区的天生桥现象。

描述：该点为一北东向展布的石灰岩孤峰，出露中泥盆统东岗岭组(D_2d)厚层状灰岩，灰岩质地较纯。孤峰南东侧为一陡立山崖，崖高 15～20 m，崖长大于 100 m，在崖脚下可见一天然溶洞，洞高(距水面)约 3～7 m，洞宽 8～20 m，一条小溪由洞中流出沿山脚而过，状似一天然拱桥，乡民称“万年桥”(图 8-50、图 8-51)。沿山崖下发育连续的溶蚀边槽。

图 8-50　九屋天生桥

图 8-51　九屋天生桥素描

G—20

点位：清狮潭水库北岸山腰公路边。

点性：中泥盆统信都组鲕状赤铁矿层。

描述：铁矿层产于中泥盆统信都组（D_2x）上部，顶板和底板均为黄绿色砂岩、泥岩互层（图8-52、图 8-53）。矿层较平缓，产状 170°∠18°，厚度大于 1 m。矿石为块状或条带状构造，鲕状结构，矿石矿物有赤铁矿、黄铁矿。赤铁矿呈鲕状，粒径 1 mm 左右，黄铁矿多呈细脉状穿插于矿石中；脉石矿物有石英、黏土矿物和鲕绿泥石。

图 8-52　鲕状赤铁矿层

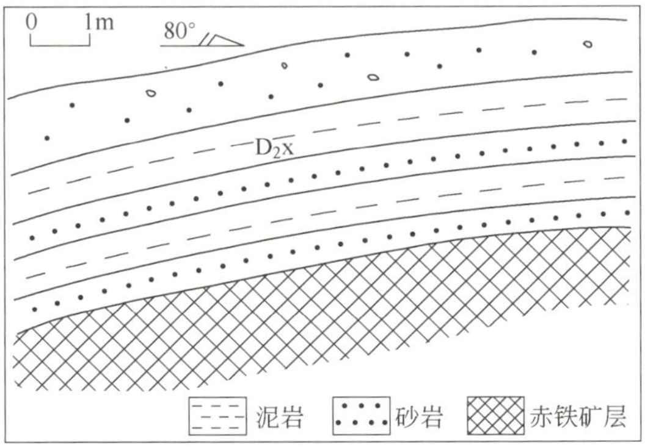

图 8-53　鲕状赤铁矿层剖面

第九节　螺蛳山实习路线（泥盆-石炭系剖面及褶皱）

路线：桂林理工大学—灵川—螺蛳山—返回

目的：了解上泥盆统三里组-下石炭统岩关组岩性特征及构造现象。

内容：观察上泥盆统三里组-下石炭统岩关组岩性特征及构造现象，并绘制剖面图。

思考：（1）上泥盆统-下石炭统各组段岩性特征有何不同？各组段代表性岩石有哪些？

（2）如何鉴别褶皱的存在？

G—21

点位：灵川县螺蛳山牛头岭。

点性：上泥盆统三里组-下石炭统岩关组剖面。

描述：

1. 地层岩性

由东向西沿剖面依次可见泥盆统三里组上段（D_3s^2）扁豆状灰岩、三里组下段（D_3s^1）灰岩、三里组上段（D_3s^2）扁豆灰岩、下石炭统岩关组下段（C_1y^1）硅质岩、岩关组上段（C_1y^2）碳质页岩夹粉砂岩。下石炭统岩关组下段（C_1y^1）硅质岩。

下石炭统岩关组下段（C_1y^1）硅质岩（图 8-54）：灰-灰黑色，风化后呈褐黄色，薄-中层状，岩石致密，性硬脆，风化碎块呈棱角状。岩层产状：118°∠53°。

岩关组上段（C_1y^2）碳质页岩（图 8-55）：灰黑色，页理发育，成分为黏土矿物。

图 8-54　下石炭统岩关组下段硅质岩

图 8-55　下石炭统岩关组上段碳质页岩

上泥盆统三里组上段（D_3s^2）扁豆状灰岩、条带状灰岩（图 8-56）。扁豆状灰岩：灰-浅灰色，薄层状，扁豆体为泥晶灰岩，呈透镜状、蠕虫状、豆荚状，大小不一，多为 0.5 cm×2 cm。胶结物为泥质条纹，条纹呈褐黄色，绕扁豆体波状起伏分布；条带状灰岩：灰-浅灰色，条带宽 5～30 mm，成分为泥晶灰岩，胶结物亦为泥质条纹。岩层产状为 310°∠25°。

三里组下段（D_3s^1）灰岩（图 8-57）：浅灰色，中厚层状，砂屑结构。

图 8-56　三里组上段扁豆状灰岩、条带状灰岩

图 8-57　上泥盆统三里下段灰岩

2. 构造特征

（1）褶皱构造

由西向东，出现一个背斜和一个向斜构造（图 8-58）。背斜核部地层为上泥盆统三里组下段（D_3s^1）灰岩，两翼地层为三里组上段（D_3s^2）扁豆状灰岩，西翼产状为 310°∠25°，东翼

产状 169°∠13°。向斜核部地层为下石炭统岩关组上段(C_1y^2)碳质页岩夹粉砂岩,两翼地层为下石炭统岩关组下段(C_1y^1)硅质岩,西翼产状为 117°∠35°,东翼产状为 335°∠32°。

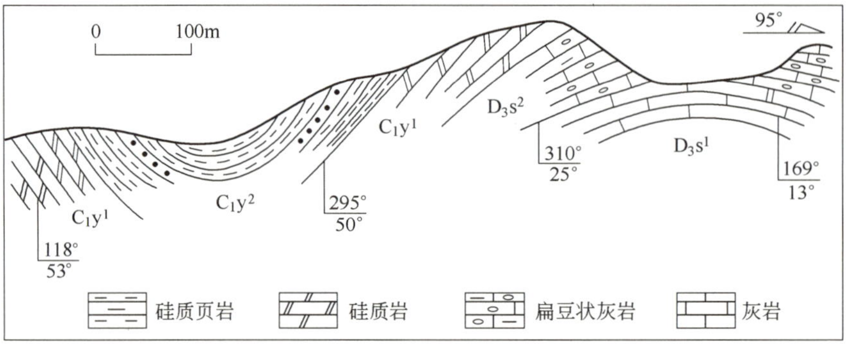

图 8-58　螺蛳山牛头岭信手剖面

(2) 节理

发育于岩关组上段(C_1y^2)粉砂岩中(图 8-59),主要有三组,节理产状分别为 256°∠76°、150°∠70°和 90°∠80°,频度分别为 8 条/m、8 条/m 和 10 条/m。节理面较平直且紧闭,节理将岩石切成网格状。

(3) 铅笔构造

发育于岩关组上段(C_1y^2)碳质页岩中(图 8-60),由碳泥质岩层中多组劈理发育,相互切割而形成。

图 8-59　岩关组上段粉砂岩中的节理构造

图 8-60　岩关组上段碳质页岩中的铅笔构造

第十节　尧山实习路线(滑坡)

路线: 桂林理工大学—尧山—返回

目的: (1) 认识基岩滑坡和土体滑坡现象;

(2) 认识沉积赤铁矿层。

内容: (1) 观察中、上泥盆统岩性特征;

(2) 观察中泥盆统信都组上部的沉积赤铁矿;

(3) 观察基岩及土体滑坡现象。

思考：（1）中泥盆统信都组上部的沉积铁矿层是如何形成的？

（2）基岩及土体滑坡是如何形成的，它们有何不同？

G—22

点位：盘山公路沿途及大头岭山顶东侧。

点性：中泥盆统信都组岩性特征及其沉积赤铁矿层。

描述：本点出露中泥盆统信都组（D_2x）。按岩性可分成上、中、下三段。

上段（D_2x^3）：黄绿色、灰黄色泥岩、泥质粉砂岩夹砂岩。其底部含两层鲕状赤铁矿层及多层含铁砂岩。其中赤铁矿层见于大头岭山顶电视塔大路旁的小路上（图8-61）。赤铁矿石具鲕粒结构，致密块状构造，鲕粒直径约0.4 mm，含量约40%，层厚约1.5 m。

中段（D_2x^2）：青灰色、灰黄色粉砂质泥岩、泥质粉砂岩。近底部夹有多层豆状赤铁矿层（图8-62）及中-粗粒石英砂岩。其中赤铁矿层中的赤铁矿呈豆状，粒径一般为0.5~3 cm，最大可达5 cm。豆粒分布极不均匀，其含量约占30%。赤铁矿层中的胶结物为紫红色粉砂质泥岩。其间为紫红色粉砂质、泥质胶结物。

下段（D_2x^1）：紫红色粉砂质泥岩及泥质粉砂岩夹砂岩。

图8-61　信都组上段中的块状赤铁矿层

图8-62　信都组中段中的豆状赤铁矿层

G—23

点位：271高地85°方向盘山公路旁。

点性：小型土体滑坡。

描述：该点可见一小型土体滑坡（图8-63）。该滑坡发育于山体堆积物中。滑坡体长约22 m，高约12 m，厚2~10 m，滑坡后壁高2~4 m，平面上呈扇形。滑坡体由松散堆积物组成，其成分为角砾和红色、黄色黏土。其中角砾呈次棱角-棱角状，砾径1~30 cm，成分主要为粉砂岩及泥岩，含量约50%。滑坡体上见醉汉林。

图 8-63　小型土体滑坡

G—24

点位： 盘山公路 8 km 处。

点性： 小型基岩滑坡。

描述： 该点可见一小型基岩滑坡（图 8-64）。该滑坡发育于中泥盆统信都组（D_2x）砂岩中。滑坡体长约 20 m，高约 12 m，厚 0.2～1.5 m，滑坡后壁高 8～12 m，平面上呈扇形。滑坡体由中泥盆统信都组（D_2x）砂岩基岩碎块组成，基岩碎块呈次棱角–棱角状，砾径 10～300 cm，含量约 95%。

图 8-64　小型基岩滑坡

G—25

点位： 尧山大头岭西坡。

点性： 尧山大滑坡。

描述： 由林科所向东望（约 95°方位），见尧山大滑坡发育于尧山大头岭西坡的山腰上，尧山盘山公路经过其下部边缘。

据资料记载，滑坡发育在20世纪70年代前，此后又发生多次小的滑动，形成多个次级滑坡。

整个滑坡体上窄下宽，平面上，长约400 m，宽约200 m，呈扇形。滑坡的滑向与基岩岩层的倾向相反。滑坡呈台阶状，从上至下，可分成三级（图8-65）。滑坡壁坡度一般为20°～60°，阶面5°～10°，阶梯高5～10 m。滑坡体平行滑坡壁一组张裂隙很发育，并发育有醉汉林现象。

滑坡区所在的大头岭西坡（图8-66）处于尧山背斜西翼，其基岩岩性为中泥盆统信都组（D_2x）的紫红色、浅黄色砂岩、粉砂岩夹粉砂质泥岩。岩层倾向北东东，倾角20°～40°。

滑坡体下缘有一条近南北向的大型逆断层通过，由于断层的强烈挤压作用，致使信都组岩层中节理极为发育。节理主要有两组：一组走向近南北向，另一组走向近东西向。两组节理的交切作用，加之砂岩的岩性较脆，致使岩石极为破碎，为滑坡的形成提供了大量的物质来源。

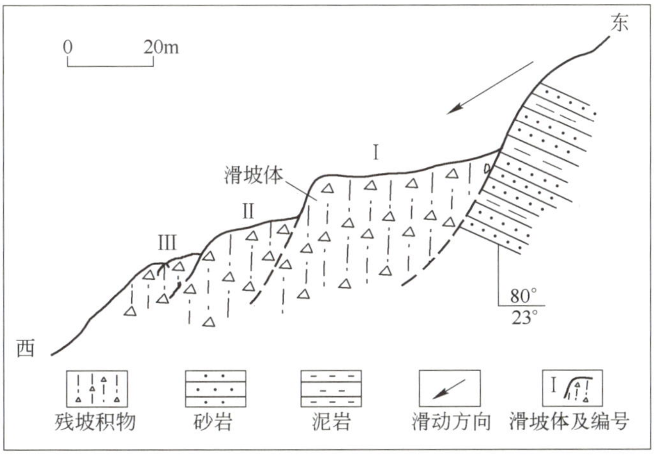

图8-65　尧山大滑坡剖面示意图

图8-66　尧山大滑坡远景

第十一节 南边村实习路线(泥盆-石炭系剖面)

路线：桂林理工大学—芦笛岩—南边村—返回

目的：(1) 了解南边村国际泥盆-石炭系副层型剖面及其特征；

(2) 认识滑塌褶皱构造现象。

内容：(1) 观察南边村国际泥盆-石炭系副层型剖面；

(2) 观察滑塌褶皱构造。

思考：滑塌褶皱的条件及成因是什么？

G—26

点位：南边村旁小山西北坡。

点性：泥盆-石炭系界线剖面。

描述：该剖面是我校资环系韦炜烈副教授首先发现的。剖面附近地层发育良好，出露连续且清楚(图 8-67)，是迄今世界上所发现唯一的一条反映 Siphondella praesulcata-S. sulcata 演化谱系并与现行泥盆-石炭系界线定义相一致的剖面。现已被国际泥盆-石炭系界线委员会确认为国际泥盆(D)-石炭系(C)界线辅助层型剖面。

图 8-67 南边村泥盆-石炭系界线剖面

所出露的泥盆-石炭系界线地层位于浅海碳酸盐台地边缘，发育底栖及浮游动物，牙形刺 Siphondella praesulcata-S. sulcata 的连续、完整演化谱系十分清楚(图 8-68)。根据地层及古生物研究结果，该国际泥盆-石炭系界线划在第 55 层和 56 层之间的灰岩中。

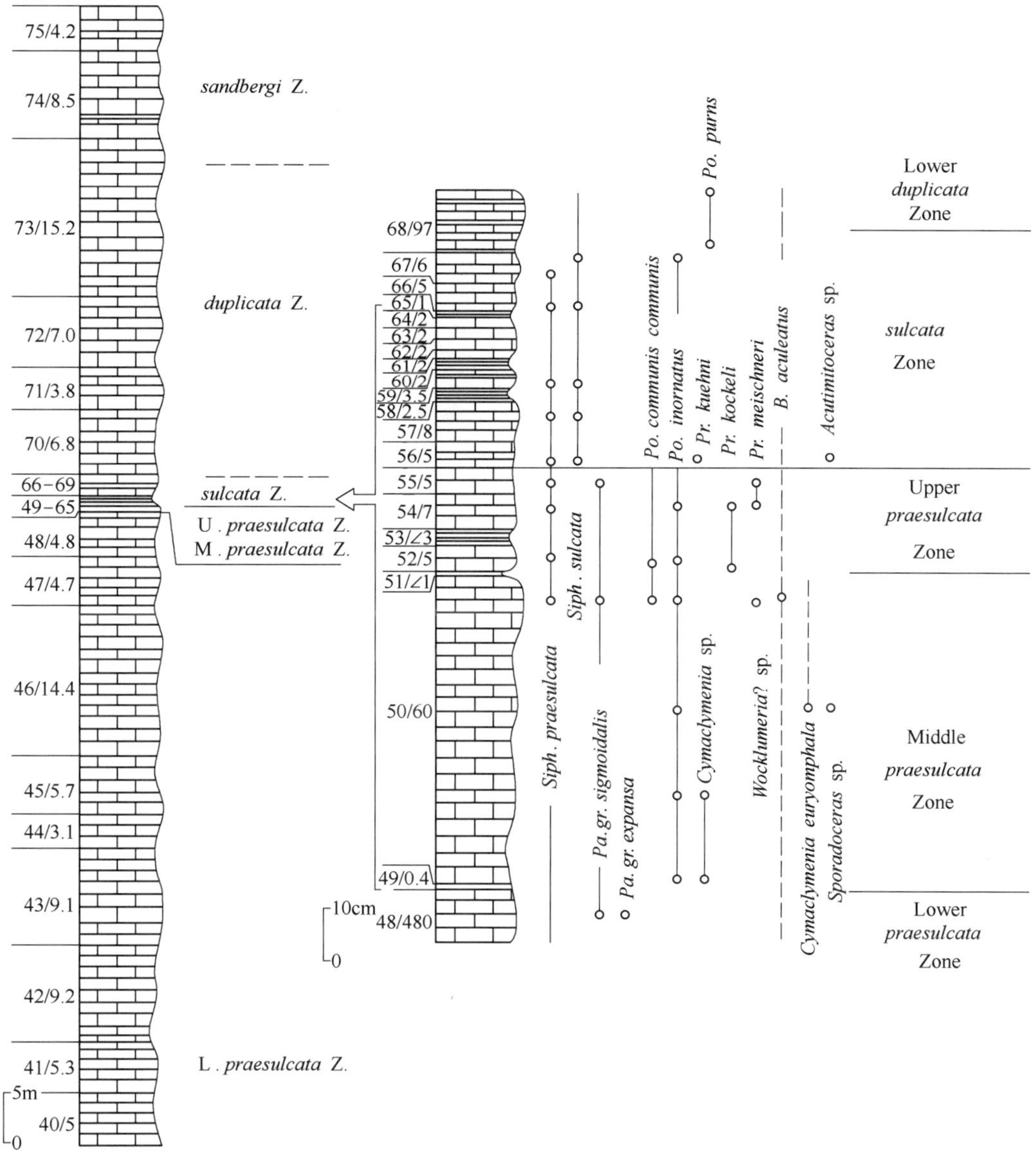

图 8-68　南边村泥盆-石炭系界线地层柱状图及界线上下的重要化石

（据韦炜烈，1988）

G—27

点位： 国际副层型剖面纪念碑旁。

点性： 滑塌褶皱构造。

描述： 站在该点向东看，可见一现象清晰的滑塌褶皱构造（图 8-69）。滑塌褶皱发育于泥盆-石炭系剖面之上的石炭系（C）灰岩中。滑塌方向为北西向。

图 8-69　滑塌褶皱远景

该滑塌构造顶底板均为灰色中厚-厚层状含生物结晶灰岩及含生物屑砂屑灰岩，其间为一套厚约 5~10 m 的滑塌体。由滑塌层向上或向下分别变为未变形层，形成“滑塌不整合”（图 8-70）。滑塌层由底向上岩层变形增强，由微褶皱变为轴面产状紊乱的不对称褶皱，并见滑塌角砾岩层。滑塌小褶皱轴面多向下倒伏，个别向上倒伏，反映有后期构造叠加影响。

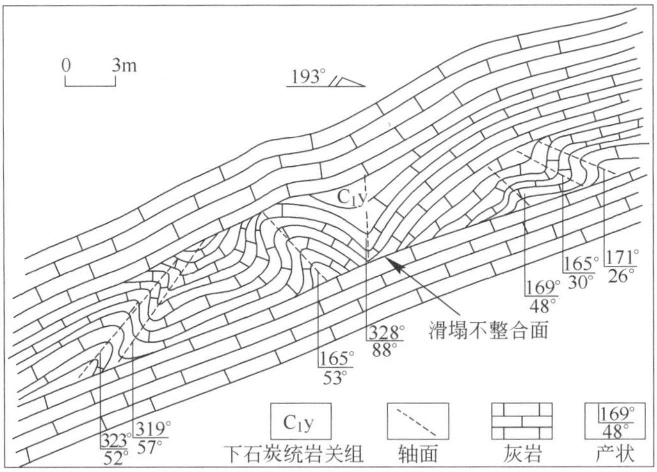

图 8-70　滑塌褶皱剖面

滑移体附近可见 1~2 m 厚的重力流沉积层（图 8-71、图 8-72），角砾为灰白色灰岩，碎屑结构，颗粒大小为 5~30 mm，分选性差，棱角分明，为颗粒支撑，胶结物主要为钙质、泥质。

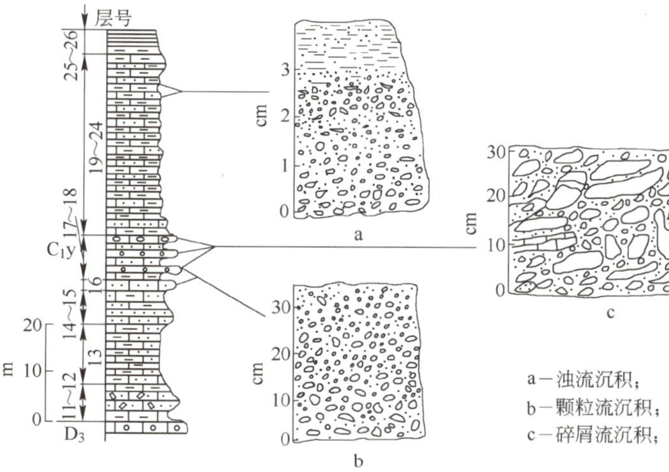

图 8-71　重力流沉积层及沉积序列

(据韦炜烈,1989)

图 8-72　重力流沉积

第十二节　漓江实习路线(岩溶地貌及溶洞)

路线： 桂林理工大学—杨堤—兴坪—阳朔—返回

目的：(1) 认识漓江沿岸的岩溶地貌；

(2) 了解地下河及溶洞特征。

内容：(1) 观察漓江沿岸的峰丛、峰林、孤峰岩溶地貌特征；

(2) 观察漓江沿岸多层洞穴特征；

(3) 观察地下河及溶洞特征。

思考：(1) 漓江沿岸岩溶发育有何规律,多层溶洞是怎样形成的？

(2) 甲天下的桂林山水风光是如何形成的？

G—28

点位： 漓江解放桥南码头。

点性： 漓江沿岸的地层岩性及峰丛、峰林、孤峰岩溶地貌特征。

描述： 漓江发源于兴安的猫儿山,由桂林沿漓江到阳朔大约是 83 km 的水程,是山水甲天下的桂林风景的精华所在。桂林到阳朔的如画美景主要是由千姿百态的岩溶地貌和清澈晶莹的漓江流水构成的。

漓江由桂林至阳朔段沿岸岩溶地貌发育,类型多样,其分布具有一定的规律性,即桂林市区附近为孤峰平原(图 8-73)、桂林市区以南至阳朔,逐渐转变为峰丛洼地(图 8-74)和峰林谷地地貌(图 8-75)。

图 8-73　桂林市区的孤峰平原

图 8-74　九马画山附近的峰丛洼地

图 8-75　高田一带的峰林谷地

沿江可以看到较多的溶蚀边槽和多层溶洞，如象山（图 8-76）、七星岩、穿山（图 8-77）、月亮山（图 8-78）等溶洞。它们分别对应着桂林地质历史时期的四次较大的地壳抬升运动。在冠岩可看见地下暗河。溶洞内多发育各式各样的石幔、石钟乳、石笋（图 8-79、图 8-80）。

沿江出露的地层有下泥盆统（D_1）、中泥盆统信都组（D_2x）、中泥盆统东岗岭组（D_2d）、上泥盆统（D_3）及下石炭统岩关组（C_1y）和大塘组（C_1d）。除下泥盆统（D_1）、中泥盆统信都组（D_2x）为砂岩及粉砂岩以外，其余均为石灰岩及白云岩。尤其是中泥盆统东岗岭组（D_2d）和上泥盆统融县组（D_3r）的层厚质纯的石灰岩为岩溶地貌的发育提供了物质基础。

此外沿途还可看到河漫滩、边滩、心滩、河流阶地、褶皱构造、大型的节理面及单面山地貌。

图 8-76　桂林象山水月洞

图 8-77　桂林穿山洞

图 8-78　桂林月亮山岩洞

图 8-79　七星岩溶洞沉积

图 8-80　冠岩溶洞沉积

第十三节　古东实习路线(瀑布)

路线：桂林理工大学—大圩—古东瀑布—返回

目的：了解碳酸盐岩区岩石特征及山区溪流多级瀑布。

内容：(1) 观察多级瀑布；

(2) 观察中泥盆统东岗岭组岩性特征。

思考：古东的多级瀑布是如何形成的?

G—29

点位：大圩古东村南边山沟中。

点性：石灰岩山区小溪及多级瀑布。

描述：古东瀑布发育在中泥盆统东岗岭组(D_2d)碳酸盐岩中,瀑布总长约 500 m,呈多级瀑布出现,每一瀑布下均有一水潭相伴,故有“八瀑九潭”之称(图8-81、图 8-82、图 8-83)。单个瀑布落差多在 4~5 m 左右,总落差水差达 90 多米。

图 8-82 所示为古东瀑布最底级瀑布。其规模最大,瀑布宽约 2.5 m,斜高约 17 m,落差约 10 m。

图 8-83 所示为瀑布钙华台。在瀑布跌水台阶表面有大量钙华沉积,是使瀑布逐渐长高的主要影响因素。

G—30

点位:小溪上游森林乐园。

点性:中泥盆统东岗岭组(D_2d)岩性特征。

描述:本组岩性主要为薄-中厚层灰岩、泥质灰岩互层。岩层层理清晰(图 8-84),是溪水中大量溶解重碳酸钙的重要来源。

由本点西行,在瀑布的上游主要为砂泥质岩,且受水面积较宽,地表植被发育(图8-85),为瀑布的形成提供了丰富的水源条件。

图 8-81　古东瀑布远景

图 8-82　古东瀑布最底级瀑布

图 8-83　瀑布钙华台

图 8-84　中泥盆统东岗岭组灰岩、泥质灰岩

图 8-85　瀑布上游的水源区

第十四节　雷劈山实习路线(崩塌)

路线: 桂林理工大学—气象局—雷劈山—返回

目的: 认识岩溶山区的崩塌地貌。

内容: 观察岩溶山区崩塌地貌并探讨其成因。

思考: 崩塌的分类有哪些,雷劈山的崩塌属哪种类型?

G—31

点位: 桂林市轮胎厂雷劈山。

点性: 岩溶山区崩塌地貌并探讨其成因。

描述: 该点可见一发育于岩溶峰林地貌区的山体崩塌地质现象(图 8-86)。崩塌发生在雷劈山的北坡,崩塌方向为 NE30°,可见陡立的崩塌面。崩塌体呈锥状,组成崩塌体的砾石大小不一,棱角分明(图 8-87),其块度分布具有一定的规律性,自山脚向远处,块度依次变小,最大可达 40 m×35 m×28 m,约 4 万 m^3,一般 80~100 m^3,崩塌体整体体积大约 9 万 m^3。据当地居民介绍,该崩塌发育于清朝年间,年代较久远。

图 8-86　雷劈山山体崩塌

分析本点崩塌形成的因素有:

(1) 构造方面　与山体坡面基本平行的一组节理较发育,将岩石劈开。

(2) 岩性方面　山体由上泥盆统融县组厚层灰岩构成,灰岩质纯性脆,在山脚下发育有溶蚀边槽(图 8-88),边槽的逐渐加深,使得被节理“劈”开的危岩体临空失重。

(3) 地形地貌方面　陡立的山体,相对高差约有 120 m。

(4) 其他方面　其他诱发因素如雷震等。

图 8-87　崩塌角砾

图 8-88　山脚的溶蚀边槽

第十五节　猫儿山实习路线（花岗岩及土壤剖面分带）

路线：桂林理工大学—兴安华江乡—猫儿山—返回

目的：了解猫儿山地质地貌、植被及土壤分带特征。

内容：(1) 沿盘山公路观察土壤和植被分带特征；

(2) 观察猫儿山花岗岩岩性特征。

思考：(1) 形成猫儿山土壤和植被分带的原因。

(2) 猫儿山顶峰椭圆形“猫头”的地质成因。

G—32

点位：猫儿山盘山公路。

点性：沿盘山公路观察土壤和植被分带特征。

描述：根据 1966 年中央气象局的气候区划，猫儿山地处中亚热带季风湿润气候区，但其同时受海拔高度、山地地形和森林等地理环境因子的综合影响，表现为明显的亚热带山地气候特征。

成土母质为花岗岩，从山脚到山顶，其土壤类型具有明显的分带特征：400 m 标高以下为山地红壤、400～700 m 标高为山地黄红壤、700～1200 m 标高为山地黄壤，1200～1400 m 标高为山地生草棕壤、1400～1800 m 标高为山地黄棕壤、1800～2000 m 标高为泥炭土（主要在八角田一带）、2000 m 标高以上为山顶矮林土。

猫儿山林区是我国中亚热带保存较好并有一定代表性的天然林区（图 8-89），地带性植被类型为常绿阔叶林。植被的垂直分布较明显，从山脚到山顶，依次出现的植被类型为常绿阔叶林和常绿针阔叶人工林、常绿落叶阔叶混交林、常绿阔叶林和常绿针阔叶混交林、山顶矮林和山顶灌草丛。

G—33

点位：高寨村上猫儿山公路 800 m 处。
点性：观察猫儿山红壤特征。
描述：该点可见猫儿山红壤剖面（图 8-90）。剖面高约 2 m，由上至下依次可分为腐殖质层、淋滤层和淀积层。其中腐殖质层为灰黑色，厚约 2～20 cm，富含腐殖质；淋滤层为红色壤土，土质疏松，厚约 20～80 cm；淀积层为红色壤土，土质较密实，含少量风化花岗岩小碎块，厚度大于 100 cm。

图 8-89　猫儿山的铁杉

图 8-90　猫儿山红壤剖面

G—34

点位：猫儿山山顶。
点性：苗儿山花岗岩岩性特征。
描述：苗儿山岩体属加里东晚期中、细粒斑状黑云母花岗岩（图 8-91）。岩石呈灰白色-浅红色，块状构造，似斑状结构，局部具压碎结构。斑晶为钾长石、斜长石、石英和黑云母，基质亦为结晶颗粒较细小的钾长石、斜长石、石英和黑云母。正长石呈肉红色，自形较好，板柱状，常具卡式双晶，大小不一，一般 0.5 cm×1 cm～1 cm×2.5 cm，含量约为 20%～43%；斜长石，呈灰白色，半自形，柱状，粒度 0.8～1 cm，含量为 12%～38%；石英，无色透明或烟灰色，他形粒状，油脂光泽，粒度 0.8～1 cm，含量为 20%～48%；黑云母，呈黑色，鳞片状集合体,含量约为 2%~10%。

图 8-91　苗儿山花岗岩

第十六节　胡家洞实习路线(考核)

路线: 桂林理工大学—兴安—胡家垌—返回

目的: 通过学生自己定点、观察并描述地层岩性及背斜构造现象、测量岩层产状、绘制剖面图,检查本次实习的效果。

内容: (1) 对下石炭统大塘组下段岩性及海相化石进行观察描述;

(2) 对胡家垌背斜进行观察描述并绘制剖面图;

(3) 测量地层和背斜产状。

G—35

点位: 兴安胡家垌畚箕湾。

点性: 下石炭统大塘组岩性和胡家垌背斜特征。

描述: (具体内容由同学们自己完成)

(1) 下石炭统大塘组(C_1d)(由西向东分下、中、上段进行描述);

(2) 胡家垌畚箕湾背斜(图 8-92)(对核部、翼部地层及产状,轴面和枢纽产状分别加以描述);

(3) 绘制背斜剖面图。

图 8-92　胡家垌畚箕湾背斜

第九章　实习报告编写提纲

基础地质认识实习报告的基本内容，一般包括绪论、地层、构造、矿产、内外动力地质作用及其规律性和结论部分。

第一章　前言

一、目的任务

目的任务包括工作目的、任务、时间、完成情况。

二、地理概况

地理概况包括测区的经纬度、行政区的管辖、交通位置（附交通位置图），主要地貌山势、主要河流情况，气候、人口、农作物、经济作物、木材情况等。

第二章　地层

首先概述一下工作区地层发育和出露情况、空间分布，然后，由老至新逐一描述。包括地层名称、代号。其内容包括岩石名称、颜色、结构构造、层理、成分、化石、地层厚度，与下伏地层接触关系等，附各种地层岩性特征素描图。

第三章　构造

首先指出本区所处的大地构造位置，全区构造总的特征，然后按褶皱、断层、节理及劈理等逐节描述，附各种构造现象素描图。

褶皱应包括名称、规模、轴迹方位、核部地层岩性、两翼地层岩性及其产状，轴面产状、枢纽起伏情况、转折端特点、褶皱类型，形成时代，褶皱与其他构造及矿产的关系等。

断层一般包括断层名称、编号、规模及分布、断层延伸方位及产状，两盘地层岩性特征，断层破碎带特征，断层两盘运动方向，断层性质及类型，断距大小，形成时代及其与成矿的关系等。

节理与劈理，主要包括节理、劈理类型及其特征、产状、密度、形成时代、褶皱、断裂的关系等。

第四章　岩浆岩

内容包括岩体名称、代号、岩性、岩体产状、形态、大小、与围岩接触关系、围岩蚀变、成矿作用、成岩时代等。

第五章　矿产

首先应简述本区的主要矿产及其分布，然后按矿种分别描述各个矿床（矿点）的类型、矿体产状、规模大小、形态，矿石矿物成分、结构构造、矿石质量围岩蚀变等。

第六章　内外动力地质作用

系统地总结实习所看到的各种内外动力地质作用现象及其发育规律。

第七章　结论（或结束语）

结论包括：任务完成情况、主要工作成果、存在的问题及建议、致谢等。

第四篇　附录

附录1　基础地质学实习大纲

<table>
<tr><td>系（院）</td><td>地球科学学院</td><td>课程编号</td><td>413990</td><td>进行学期</td><td>2</td></tr>
<tr><td>学时（周）数</td><td>3</td><td>学 分 数</td><td>3</td><td>实习类别</td><td>A</td></tr>
<tr><td>面向专业</td><td colspan="5">地质类专业</td></tr>
<tr><td rowspan="2">实习地点</td><td>室内/野外</td><td colspan="4" rowspan="2">桂林及附近郊县</td></tr>
<tr><td>0/3</td></tr>
</table>

一、实习性质、目的和任务

本次实习是地质类专业的一次地质认识实习。本次实习是在完成了《基础地质学》课程的学习后进行的。

二、实习基本要求

通过本次实习各个环节的训练，使学生掌握、巩固和丰富课堂的理论知识，认识内、外动力地质作用所形成的各种地质现象；认识地层层序和划分标志，学会岩石的野外观察和鉴定，掌握各种地质构造的观察描述等基本工作方法，提高学生的实际动手能力和一定的综合分析能力。

三、实习内容

（1）罗盘的使用；（2）观察点的记录格式和记录内容；（3）实习区及区域地质概况；（4）河流地质作用特征及其现象；（5）地下水地质作用特征及其现象；（6）岩浆岩、沉积岩和变质岩的野外观察、鉴定和描述；（7）岩浆岩与围岩的接触关系；（8）地层的层序及接触关系；（9）褶皱、断层节理和劈理等构造的特征及识别标志；（10）矿体的产出特征和矿石特征。

四、实习完成形式

主要通过路线地质观察和教师现场教学，结合室内实习多媒体课件自学、网络平台交流和教师指导。最后学生由提交基础地质学实习报告。

五、实习进度安排

本次实习时间为3周，在桂林实习基地完成。第一天召开实习动员大会，进行实习区地质情况介绍和野外实习用品的准备。而后在桂林地区的反虹管、大圩、杨堤、白竹境、永福、阳朔和资源牛塘界等地，进行路线地质观察，最后三天编写基础地质学实习报告。

六、成绩考核与评定方法

实习成绩的评定由指导教师综合学生野外实习表现、野外记录、野外考核和实习总结报告各项成绩给定，其中野外实习表现20%；野外记录30%；野外考核20%；实习总结报告30%。学生实习最终成绩按“优秀、良好、中等、及格、不及格”五级划分。

学生在实习期间如有下列情况之一者，其实习成绩为不及格：

（1）抄袭其他同学野外记录、实习报告行为严重者。

（2）无故不参加实习时间2天以上（含2天）者。

（3）实习期间因病因事请假4天以上（含4天）者。

（4）实习期间因违纪受到严重警告以上（含严重警告）者。

七、实习制度与纪律

（1）严格遵纪守法，维护社会公德。

（2）严格执行“三大纪律八项注意”，搞好群众关系。

（3）尊敬老师、友爱同学、团结互助，共同完成好实习任务。

（4）必须人人携带铁锤、罗盘、放大镜及其他实习用品参加野外工作。

（5）注意安全，不允许单独行动，坚持穿登山鞋和工作服上山，注意危岩，小心蛇蝎，不喝生水，不食不明野果。

（6）现场独立记录、素描，不能复印，严禁抄袭他人报告。

八、指导书或参考资料

《基础地质学实习教程》，钱建平，余勇，胡云沪编著，冶金工业出版社，2014。

《基础地质学实验教程》，钱建平，陈宏毅，余勇编著，地质出版社，2012。

《普通地质学实习CAI》，钱建平主编，高等教育出版社，高等教育电子音像出版社，2004。

附录2　常用地质图例、花纹、符号❶❷

1. 岩石特征成分、结构构造图例

图例	名称
	砂质
	粉砂质
	泥质
	钙质
Si	硅质
	白云质
C	碳质
	有机质
	凝灰质
	复成分(硬砂质)
e	生物碎屑
	结核
	藻类
	超基性
	基性
	中性
	酸性
	碱性

图例	名称
	玻基橄榄质
	玄武质
	安山质
	流纹质
	英安质
	等粒(花岗岩为例)
	不等粒
	斑状
	似斑状
	不等粒斑状
+S	片麻状
	巨厚层状
	厚层状
	中层状
	薄层状
	页片状
	枕状
	杏仁状

图例	名称
	球状
	珍珠状(球粒)
	气孔
	火山弹
	火山泥球
	球泡
	石泡
	斑点状
	渗透状
	集块
	岩屑
	晶屑
	玻屑
	浆屑(塑性玻屑)
U	用于火山碎屑熔岩
R	用于熔火山碎屑岩
M	用于熔结火山碎屑岩

❶ 国家技术监督局发布，GB 958—1989。区域地质图图例（1∶50000）。

❷ 赵温霞主编，周口店地质及野外地质工作方法与高新技术应用，人民大学出版社出版，2003 年 8 月。

用于沉火山碎屑岩	瘤状	眼球状
碎屑	鲕状	分枝状
角砾状	透镜状	网状
砾状	豹皮状、斑花状	香肠状
条带石	结晶	雾迷状
竹叶状	条纹(痕)状	

2. 沉积岩花纹

(1) 松散堆积物花纹

砾	细砂	淤泥
漂砾	粉砂	泥炭土
岩块、碎屑	黄土	冰水泥砾
砾石	红土	贝壳层
砂砾石	黏土	植物堆积层
角砾	钙质黏土	人工堆积
砂姜	碳质黏土	化学沉积
砂	有机质黏土	腐殖土层
粗砂	蠕虫状黏土	填筑土
中砂		

(2) 沉积岩花纹

角砾岩	硅质角砾岩	粗砾岩
砂质角砾岩	铁质角砾岩	中砾岩
泥质角砾岩	巨砾岩	细砾岩
钙质角砾岩	砾岩	含角砾砾岩

- 砂质砾岩
- 砂砾岩
- 石英砾岩
- 石灰砾岩
- 复成分砾岩
- 钙质砾岩
- 硅质砾岩
- 凝灰质砾岩
- 铁质砾岩
- 冰碛砾岩
- 砂岩
- 含砾砂岩
- 粗砂岩
- 中砂岩
- 细砂岩
- 石英砂岩
- 长石砂岩
- 长石质砂岩
- 长石石英砂岩
- 碎屑砂岩
- 海绿石砂岩
- 复成分砂岩
- 黏土粉砂质砂岩
- 泥质砂岩
- 钙质砂岩
- 凝灰质砂岩
- 铁质砂岩
- 含铜砂岩
- 含磷砂岩
- 含油砂岩
- 交错层砂岩
- 斜层理砂岩
- 粉砂岩
- 含砾粉砂岩
- 含砂粉砂岩
- 黏土砂质粉砂岩
- 泥质粉砂岩
- 钙质粉砂岩
- 凝灰质粉砂岩
- 铁质粉砂岩
- 含碳质粉砂岩
- 含钾粉砂岩
- 页岩
- 砂质页岩
- 粉砂质页岩
- 钙质页岩
- 硅质页岩
- 碳质页岩
- 含碳质页岩
- 凝灰质页岩
- 铁质页岩
- 铝土页岩
- 含锰页岩
- 含钾页岩
- 油页岩
- 黏土岩(泥岩)
- 高岭石黏土岩
- 水云母黏土岩
- 蒙脱石黏土岩
- 泥晶灰岩(泥状灰岩)
- 砂质灰岩
- 含泥质灰岩

泥质灰岩	条带状灰岩	亮晶灰岩
硅质灰岩	斑点状灰岩	粒泥灰岩
白云质灰岩	碎屑灰岩	泥粒灰岩
结晶灰岩	角砾状灰岩	颗粒灰岩
生物碎屑灰岩	砾状灰岩	泥灰岩
含藻灰岩	球粒灰岩	砂质泥灰岩
礁灰岩(未分)	瘤状灰岩	白云岩
含燧石结核灰岩	竹叶状灰岩	砂质白云岩
燧石条带灰岩	鲕状灰岩	泥质白云岩
结核灰岩	串珠状灰岩	角状白云岩
页片状灰岩	豹皮状灰岩	硅质岩

3. 岩浆岩花纹

(1) 侵入岩

橄榄岩	辉岩	角闪辉石岩
镁铁橄榄岩	二辉岩	角闪紫苏辉石岩
纯橄榄岩	紫苏辉石岩	角闪二辉岩
角砾云母橄榄岩(金伯利岩)	古铜辉石岩	角闪透辉石岩
辉石橄榄岩	顽火辉石岩	斜长岩
辉橄岩(橄辉岩)	透辉石岩	苏长岩
橄榄辉岩	角闪石岩	辉长岩

含长辉岩

含长紫苏辉岩

含长二辉岩

含长透辉石岩

二辉辉长岩

橄榄辉长岩

玢岩

辉长玢岩

辉绿岩

辉长辉绿岩

辉绿辉长岩

石英辉绿岩

辉绿玢岩

闪长岩

辉长闪长岩

辉石闪长岩

角闪闪长岩

黑云母闪长岩

石英闪长岩

花岗闪长岩

堇青花岗闪长岩

正长闪长岩

闪长斑岩

闪长玢岩

石英闪长斑岩

花岗闪长斑岩

花岗岩

角闪花岗岩

紫苏花岗岩

更长环斑花岗岩

黑云母花岗岩

白云母花岗岩

二云母花岗岩

钾长花岗岩

斜长花岗岩

二长花岗岩

白岗岩

花岗斑岩

花斑岩

二长岩

石英二长岩

二长斑岩

正长岩

辉石正长岩

角闪正长岩

黑云母正长岩

石英正长岩

英辉正长岩

正长斑岩

霞石正长岩

霞石正长斑岩

霞斜岩

霓霞岩

霓辉岩

碳酸岩

方解石碳酸岩

白云石碳酸岩

稀土碳酸岩

煌斑岩

混合角闪正长岩

碎斑状花岗斑岩

斜长煌斑岩

花岗质伟晶岩

云煌岩　花岗细晶岩　斑霞正长岩

二长花岗斑岩　辉长伟晶岩

（2）喷出岩

熔岩

苦橄岩　辉石安山岩　辉石粗面岩

苦橄玢岩　角闪安山岩　角闪粗面岩

玻基橄榄岩　黑云母安山岩　黑云粗面岩

玻基辉橄岩　安山玢岩　石英粗面岩

玻基纯橄岩　英安岩　粗面斑岩

玄武岩　流纹岩　粗安岩

苦橄玄武岩　流纹斑岩　粗安斑岩

橄斑玄武岩　石英斑岩　响岩

辉斑玄武岩　碱流岩　霞石响岩

拉斑玄武岩　霏细岩　白石榴响岩

杏仁状玄武岩　霏细斑岩　黝方石响岩

方沸玄武岩　珍珠岩　细碧岩

伊丁玄武岩　松脂岩　角斑岩

碱玄岩　黑曜岩　石英角斑岩

安山玄武岩　浮岩　碱性粗面岩

安山岩　粗面岩　碱性玄武岩

火山碎屑岩

集块岩　火山角砾岩　凝灰岩

流纹质集块熔岩	流纹质熔结角砾集块岩	流纹质岩屑晶屑凝灰岩
流纹质角砾集块熔岩	流纹质熔结集块角砾岩	流纹质晶屑凝灰岩
流纹质集块角砾熔岩	流纹质熔结角砾岩	流纹质玻屑凝灰岩
流纹质角砾熔岩	流纹质熔结凝灰角砾岩	流纹质晶屑玻屑凝灰岩
流纹质凝灰角砾熔岩	流纹质熔结角砾凝灰岩	流纹质浆屑凝灰岩
流纹质角砾凝灰熔岩	流纹质熔结凝灰岩	流纹质岩屑玻屑凝灰岩
流纹质凝灰熔岩	流纹质集块岩	流纹质岩屑晶屑玻屑凝灰岩
流纹质熔集块岩	流纹质角砾集块岩	流纹质沉集块岩
流纹质熔角砾集块岩	流纹质集块角砾岩	流纹质沉角砾集块岩
流纹质熔集块角砾岩	流纹质火山角砾岩	流纹质沉集块角砾岩
流纹质熔角砾岩	流纹质凝灰角砾岩	流纹质沉火山角砾岩
流纹质熔凝灰角砾岩	流纹质角砾凝灰岩	流纹质沉凝灰角砾岩
流纹质熔角砾凝灰岩	流纹质凝灰岩	流纹质沉角砾凝灰岩
流纹质熔凝灰岩	流纹质岩屑凝灰岩	流纹质沉凝灰岩
流纹质熔结集块岩		

4. 变质岩花纹

(1) 区域变质岩

板岩	凝灰质板岩(中性)	绿泥千枚岩
钙质板岩	绢云板岩	千枚岩
硅质板岩	绿泥板岩	钙制千枚岩
砂质板岩	空晶板岩	石英千枚岩
碳质板岩	红柱石板岩	绢云千枚岩

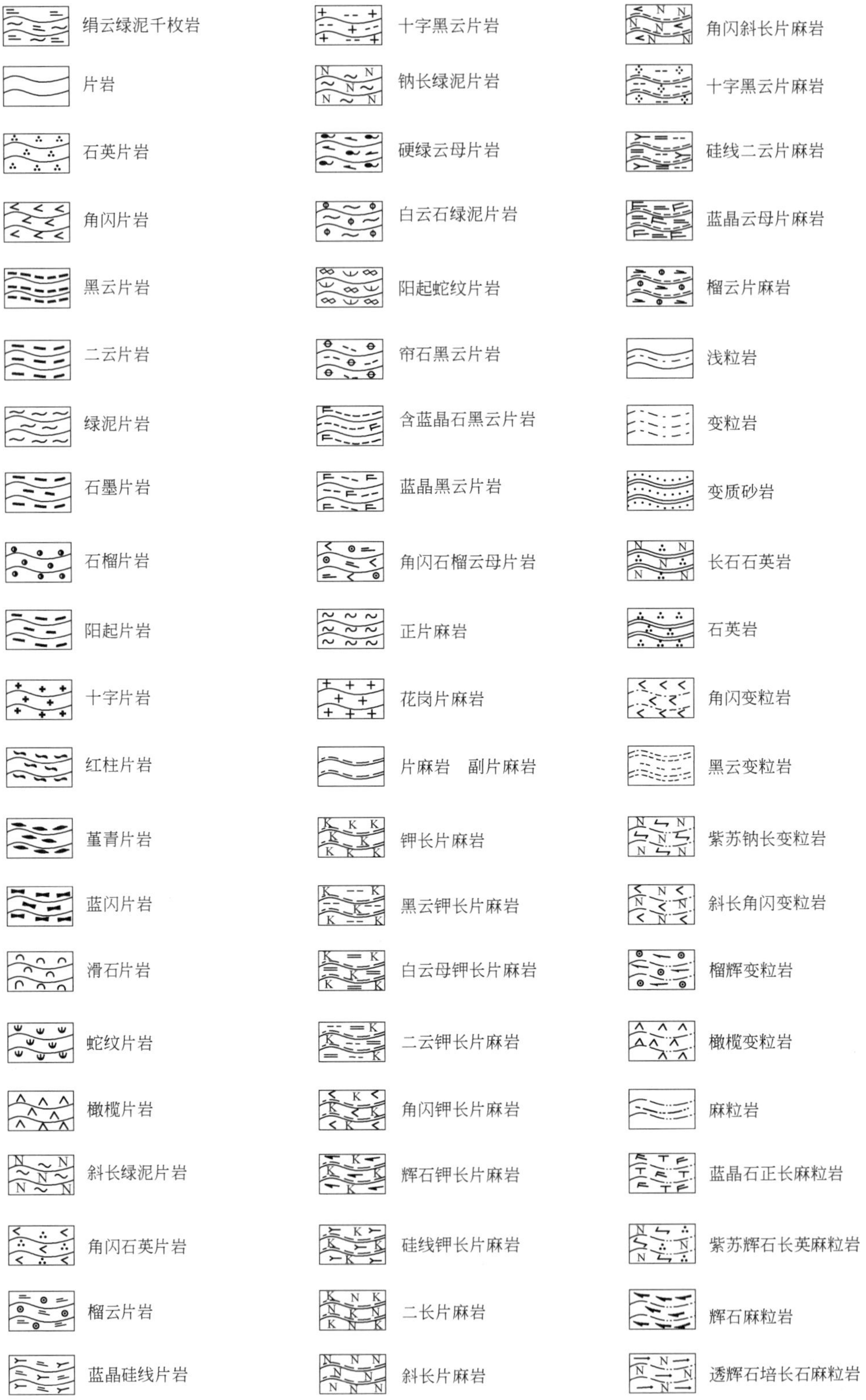
绢云绿泥千枚岩
片岩
石英片岩
角闪片岩
黑云片岩
二云片岩
绿泥片岩
石墨片岩
石榴片岩
阳起片岩
十字片岩
红柱片岩
堇青片岩
蓝闪片岩
滑石片岩
蛇纹片岩
橄榄片岩
斜长绿泥片岩
角闪石英片岩
榴云片岩
蓝晶硅线片岩
十字黑云片岩
钠长绿泥片岩
硬绿云母片岩
白云石绿泥片岩
阳起蛇纹片岩
帘石黑云片岩
含蓝晶石黑云片岩
蓝晶黑云片岩
角闪石榴云母片岩
正片麻岩
花岗片麻岩
片麻岩　副片麻岩
钾长片麻岩
黑云钾长片麻岩
白云母钾长片麻岩
二云钾长片麻岩
角闪钾长片麻岩
辉石钾长片麻岩
硅线钾长片麻岩
二长片麻岩
斜长片麻岩
角闪斜长片麻岩
十字黑云片麻岩
硅线二云片麻岩
蓝晶云母片麻岩
榴云片麻岩
浅粒岩
变粒岩
变质砂岩
长石石英岩
石英岩
角闪变粒岩
黑云变粒岩
紫苏钠长变粒岩
斜长角闪变粒岩
榴辉变粒岩
橄榄变粒岩
麻粒岩
蓝晶石正长麻粒岩
紫苏辉石长英麻粒岩
辉石麻粒岩
透辉石培长石麻粒岩

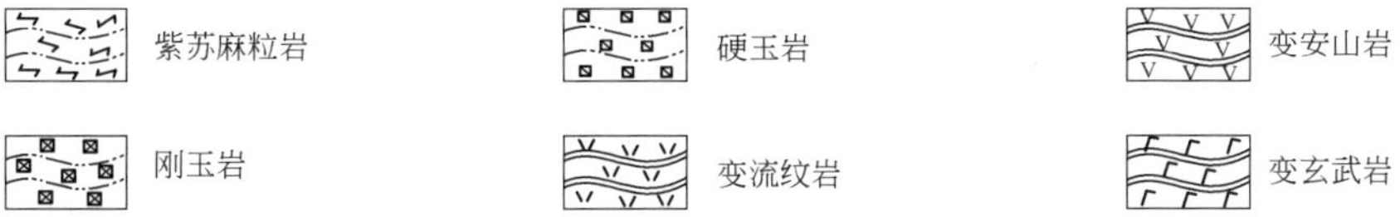
紫苏麻粒岩
硬玉岩
变安山岩
刚玉岩
变流纹岩
变玄武岩

（2）接触变质交代蚀变岩

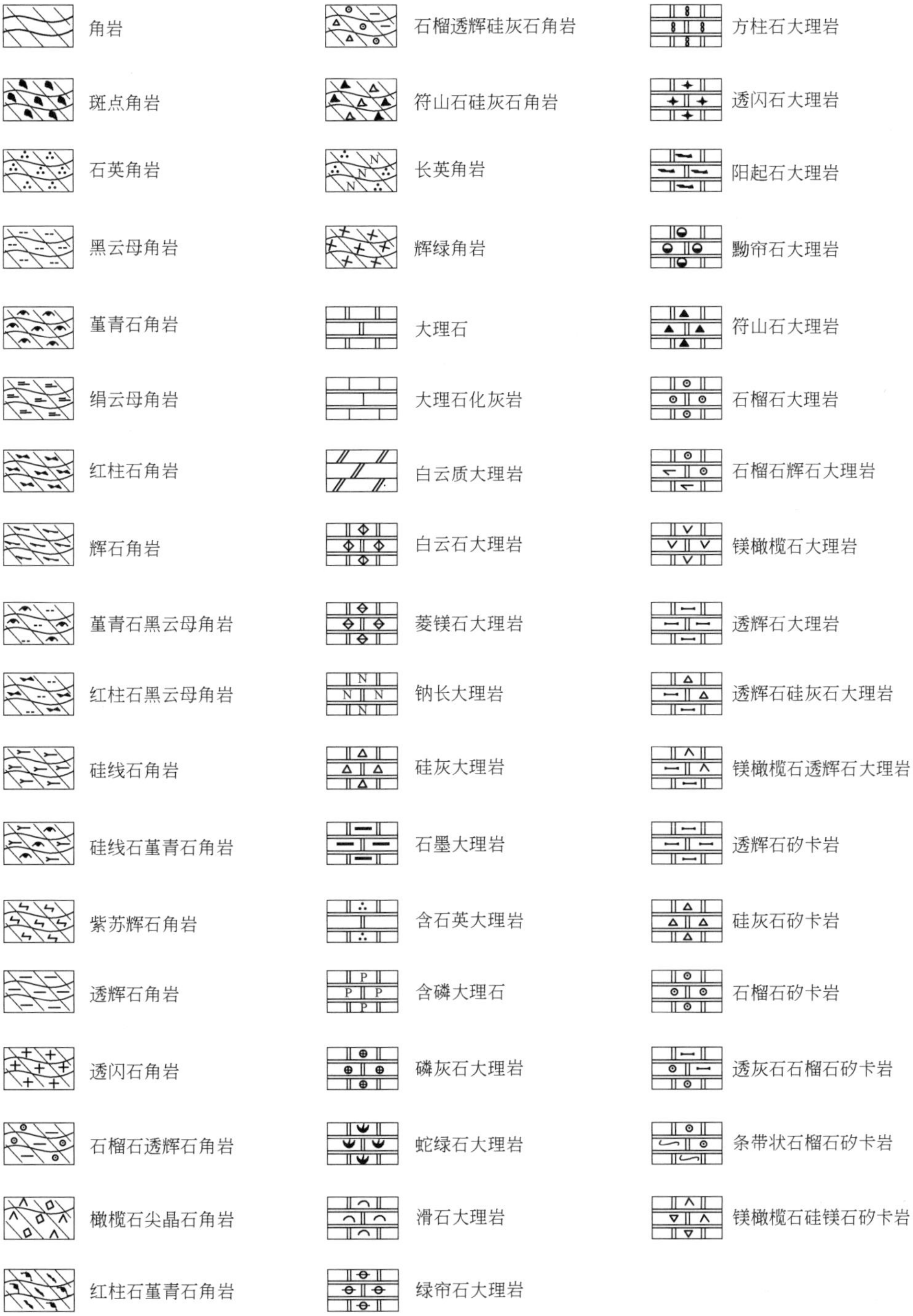
角岩
石榴透辉硅灰石角岩
方柱石大理岩
斑点角岩
符山石硅灰石角岩
透闪石大理岩
石英角岩
长英角岩
阳起石大理岩
黑云母角岩
辉绿角岩
黝帘石大理岩
堇青石角岩
大理石
符山石大理岩
绢云母角岩
大理石化灰岩
石榴石大理岩
红柱石角岩
白云质大理岩
石榴石辉石大理岩
辉石角岩
白云石大理岩
镁橄榄石大理岩
堇青石黑云母角岩
菱镁石大理岩
透辉石大理岩
红柱石黑云母角岩
钠长大理岩
透辉石硅灰石大理岩
硅线石角岩
硅灰大理岩
镁橄榄石透辉石大理岩
硅线石堇青石角岩
石墨大理岩
透辉石矽卡岩
紫苏辉石角岩
含石英大理岩
硅灰石矽卡岩
透辉石角岩
含磷大理石
石榴石矽卡岩
透闪石角岩
磷灰石大理岩
透灰石石榴石矽卡岩
石榴石透辉石角岩
蛇绿石大理岩
条带状石榴石矽卡岩
橄榄石尖晶石角岩
滑石大理岩
镁橄榄石硅镁石矽卡岩
红柱石堇青石角岩
绿帘石大理岩

透辉石岩　钙铝榴石矽卡岩　角砾状方柱石矽卡岩

尖晶石透辉石岩　绿帘石矽卡岩　角砾状石榴石矽卡岩

镁橄榄石尖晶石岩　阳起石矽卡岩　混染岩

符山石矽卡岩　方柱石石榴石矽卡岩　闪长质混染岩

方柱石矽卡岩

(3) 动力变质岩

碎裂岩　灰岩压碎岩　玻化岩

碎裂花岗岩　构造角砾岩　千糜岩

碎裂灰岩　糜棱岩　花岗千糜岩

压碎岩　超糜棱岩化闪长岩　绢云千糜岩

闪长压碎岩　糜棱岩化闪长岩

(4) 混合岩和混合花岗岩

混合质片岩　混合岩　网状混合岩

条带状混合二云片岩　渗透状混合岩　角砾状混合岩

眼球状混合质黑云变粒岩　斑点状混合岩　雾迷状混合岩

混合质片麻岩
混合质副片麻岩　眼球状混合岩　黑云斜长角砾状混合岩

混合质黑云中长片麻岩　香肠状混合岩　角闪雾迷状混合岩

混合质正片麻岩　条纹(痕)状混合岩　均质混合岩

混合质变粒岩　条带状混合岩　斜长角闪均质混合岩

混合质糜粒岩　分枝状混合岩　混合花岗岩

白云母混合花岗岩

(5) 气成热液蚀变（多用于平面图，红色表示）

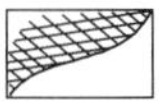
矽卡岩化

阳起石化
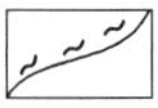
绿泥石化

角岩化
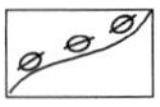
绿帘石化
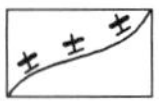
高岭土化
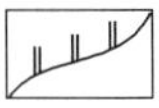
大理岩化

黝帘石化
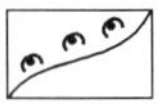
叶蜡石化
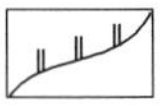
白云岩化

黑云母化

滑石化
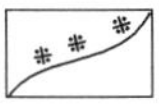
石英岩化

白云母化

蛇纹石化
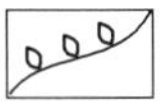
碳酸盐化

绢云母化
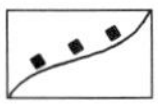
磁铁矿化
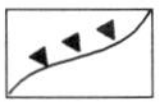
电气石化
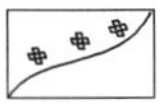
硅化
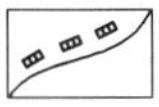
黄铁矿化
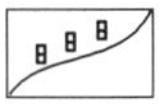
方柱石化
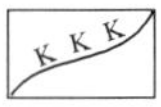
钾长石化
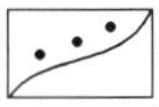
黄铜矿化

透辉石化

钠长石化
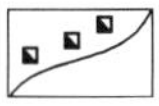
褐铁矿化

5. 常用岩石名称符号

(1) 深成侵入岩

ν	辉长岩	Γ	未分花岗岩	ξγ	钾长花岗岩
νσ	斜长石	γ	花岗岩	η	二长岩
δ	闪长岩	ηγ	二长花岗岩	ηο	石英二长岩
δο	石英闪长岩	γκ	白岗岩	Γο	斜长花岗岩类
δβ	黑云母闪长岩	γδ	花岗闪长岩	ξ	正长岩
ξδ	正长闪长岩	γβ	黑云母花岗岩	γξ	花岗正长岩
νδ	辉长闪长岩				

(2) 浅成侵入岩

βμ	辉绿岩 辉绿玢岩	γι	花岗细晶岩	ξπ	正长斑岩
δμ	闪长玢岩	λπ	石英斑岩	ρ	伟晶质斑岩石
γπ	花岗斑岩	γδπ	花闪长斑岩	γρ	花岗伟晶岩
ι	细晶质岩石	ηπ	二长斑岩	χ	煌斑岩

(3) 其他常见岩石

br	角砾岩	dol	白云岩	mi	混合岩
cg	砾岩	si	硅质岩	im	均质混合岩

ss　砂岩
ds　岩屑砂岩
st　粉砂岩
sh　页岩
cr　黏土（泥）岩
ms　泥岩
is　灰岩
ml　泥灰岩

sl　板岩
ph　千枚岩
sch　片岩
gn　片麻岩
og　正片麻岩
pg　副片麻岩
gnt　变粒岩

mss　变质砂岩
hs　角岩
mb　大理岩
tr　碎裂岩
sb　构造角砾岩
ml　糜棱岩
pm　千糜岩

（4）脉岩符号

石英脉

中性岩脉

玢岩脉

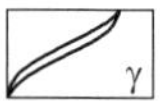

酸性岩脉

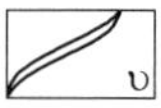

辉长岩脉

基性岩脉

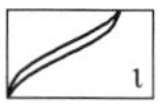

细晶岩脉

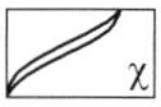

煌斑岩脉

矿脉(符号用元素符号)

伟晶岩脉

6. 第四纪堆积物成因类型及沉积相花纹

成因类型及符号

Q^{al}　冲积
Q^{pl}　洪积
Q^{pal}　洪冲积
Q^{el}　残积
Q^{dl}　坡积
Q^{eld}　残坡积
Q^{col}　崩积
Q^{dp}　地滑堆积
Q^{ch}　化学堆积
Q^{s}　人工堆积
Q^{ca}　洞穴堆积

第四纪沉积相花纹

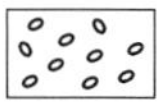
冲积

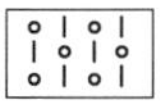
冰碛

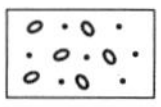
洪积

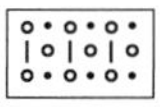
冰水堆积

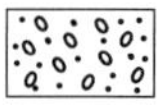
冲积洪积

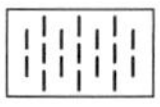
湖积

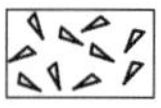
坡积

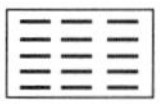
海积

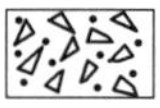
残积

沼泽堆积

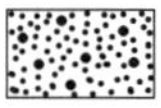
风积(砂)

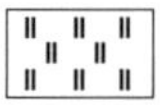
化学堆积

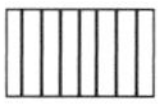
黄土

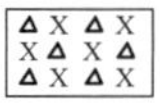
火山堆积

7. 沉积构造图例

8. 化石图例

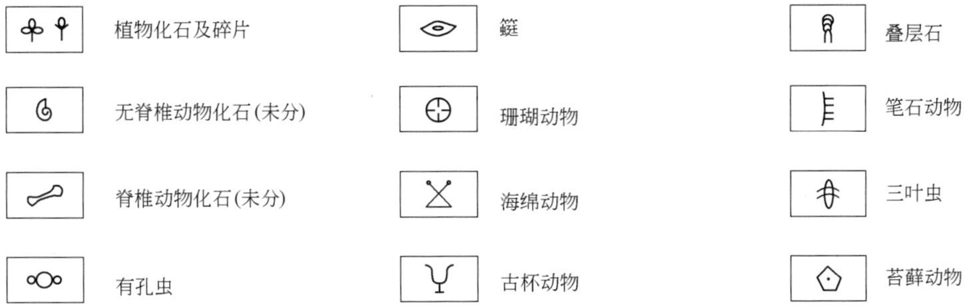

棘皮动物	箭石	孢粉
腕足动物	菊石	钙藻
双壳动物	放射虫	海绵骨针
腹足动物	牙形虫	疑源类
竹节石	介形虫	鱼类
鹦鹉螺	叶肢介	遗迹化石

9. 地质体接触界线符号

实测整合岩层界线	岩相界线	角度不整合
推测整合岩层界线	混合岩化接触界线（符号红色）	火山喷发不整合
实测角度不整合界线（点打在新地层一方，下同）	花岗岩体侵入围岩接触界线（箭头表示接触面产状）	平行不整合(假整合)
推测角度不整合界线	花岗岩体超动接触界线	部分地段整合，部分平行不整合
实测平行不整合界线	花岗岩体脉动接触界线	接触性质不明
推测平行不整合界线	花岗岩体涌动接触界线	断层接触(用于柱状图)

10. 地质体产状及变形要素符号

30° 岩层产状(走向、倾向、倾角)	倒转岩层产状(箭头指向倒转后的倾向)	交错层理及倾斜方向
岩层水平产状	片理产状	片麻理产状
岩层垂直产状(箭头方向表示较新层位)		

11. 断裂及褶皱构造图例

实测性质不明断层	推测正断层及其产状	具平移现象的断层
推测性质不明断层	45 实测逆断层及其产状	
实测正断层(箭头指向断层面倾向，下同)	推测逆断层及其产状	

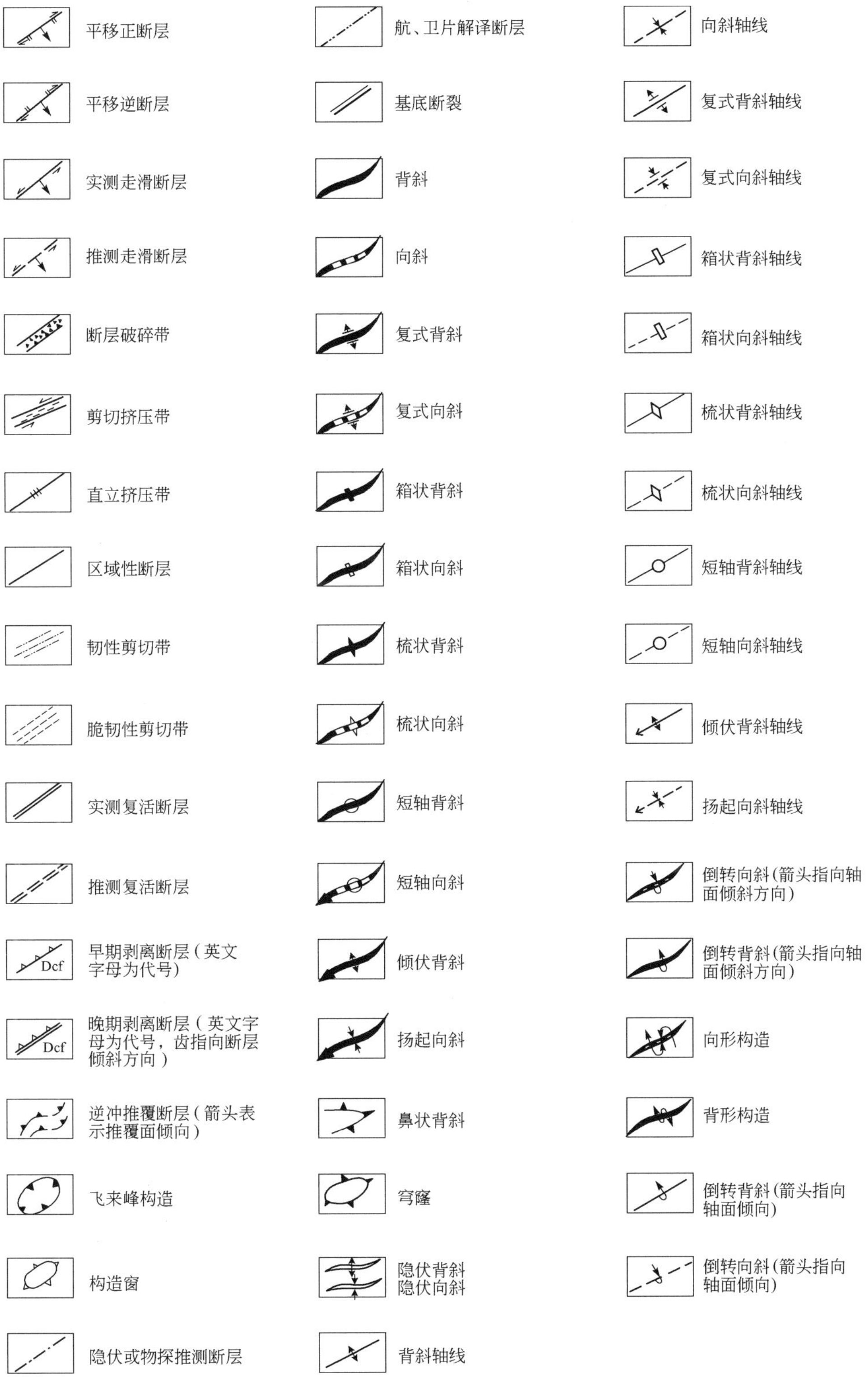
平移正断层
平移逆断层
实测走滑断层
推测走滑断层
断层破碎带
剪切挤压带
直立挤压带
区域性断层
韧性剪切带
脆韧性剪切带
实测复活断层
推测复活断层
Dcf
早期剥离断层（英文字母为代号）
Dcf
晚期剥离断层（英文字母为代号，齿指向断层倾斜方向）
逆冲推覆断层（箭头表示推覆面倾向）
飞来峰构造
构造窗
隐伏或物探推测断层
航、卫片解译断层
基底断裂
背斜
向斜
复式背斜
复式向斜
箱状背斜
箱状向斜
梳状背斜
梳状向斜
短轴背斜
短轴向斜
倾伏背斜
扬起向斜
鼻状背斜
穹窿
隐伏背斜
隐伏向斜
背斜轴线
向斜轴线
复式背斜轴线
复式向斜轴线
箱状背斜轴线
箱状向斜轴线
梳状背斜轴线
梳状向斜轴线
短轴背斜轴线
短轴向斜轴线
倾伏背斜轴线
扬起向斜轴线
倒转向斜(箭头指向轴面倾斜方向)
倒转背斜(箭头指向轴面倾斜方向)
向形构造
背形构造
倒转背斜(箭头指向轴面倾向)
倒转向斜(箭头指向轴面倾向)

12. 标本和样品符号

	手标本	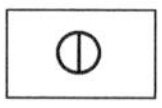	光谱分析样品	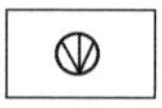	同位素地质年龄样
	光片标本		化学分析样品	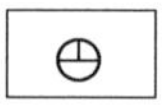	同位素组成样
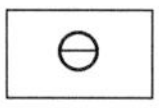	薄片标本	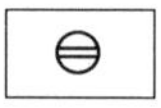	水化学样	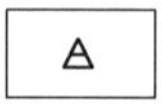	岩相标本
	岩心标本		岩组分析样		微体化石样
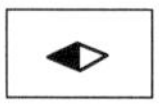	构造标本	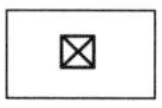	差热分析样		无脊椎动物化石
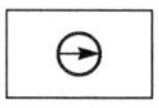	定向标本	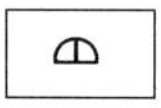	稀土分析	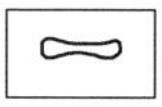	脊椎动物化石
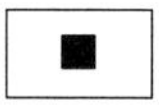	煤岩标本	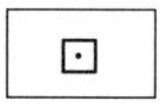	粒度分析		植物化石
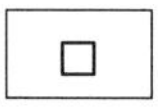	岩石物性标本	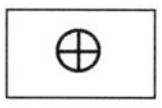	古地磁样		

参 考 文 献

[1] 桂林工学院地质教研室编．普通地质学野外实习指导书［M］.2004.

[2] 钱建平，余勇，陈三明，等．《普通地质学实习 CAI》多媒体课件［CD］．北京：高等教育出版社，高等教育电子音像出版社，2003.

[3] 赵温霞主编．周口店地质及野外地质工作方法与高新技术应用［M］．北京：中国人民大学出版社，2003.

[4] 张桂林，冯佐海，文鸿雁，等．基于 3S 技术数字化地质填图新方法［M］．北京：国防工业出版社，2005.

[5] 广西壮族自治区地质矿产局．广西壮族自治区区域地质志［M］．北京：地质出版社，1985.

[6] 苏生瑞，王贵荣，黄强兵．地质实习教程［M］．北京：人民交通出版社，2005.

[7] 广西壮族自治区地质矿产局．广西壮族自治区桂林市系列图集［M］.1988.

冶金工业出版社部分图书推荐

书　　名	定价(元)
内生金属矿床定向三等距分布成矿论及成矿预测方法	15.00
海相火山岩与金属矿床	49.00
贵州地质遗迹资源	98.00
矿业开发密集地区景观生态重建	22.00
电法勘探教程	27.00
工程地震勘探	22.00
环境地质学	28.00
隐伏矿床预测的理论和方法	42.00
无机与有机地球化学勘查技术方法研究与应用	49.00
中国东部中生代次火山岩型铜银多金属矿床	29.00
扬子地台周边锰矿	70.00
成矿区带地球化学异常评价方法	9.80
胶东招莱地区花岗岩与金矿床	28.00
脉状金矿床深部大比例尺统计预测理论与应用	38.00
岩石受力的红外辐射效应	19.00
锰的微生物地球化学	11.50
内生金属矿床聚矿研究	24.50
电吸附地球化学找矿法	29.00
非金属矿加工技术与应用手册	119.00
金属矿山尾矿综合利用与资源化	16.00
现代金属矿床开采科学技术	260.00
矿山废料胶结充填	42.00
矿业经济学	15.00
矿石学基础	32.00
矿山生态复垦与露天地下联合开采	20.00
选矿知识问答（第2版）	22.00
岩溶旅游地质	45.00
林柱状地质景观旅游价值	25.00
旅游地质资源与人地关系耦合	22.00
世界自然遗产保护中的旅游地质问题	25.00
冶金矿山地质技术管理手册	58.00
矿山地质手册（上）	75.00
矿山地质手册（下）	85.00